自然与希腊人 科学与人文主义

Nature and the Greeks Science and Humanism

[奥地利] 埃尔温 · 薛定谔 / 著
陆永耕 / 译

中国科学技术出版社
· 北 京 ·

图书在版编目（CIP）数据

自然与希腊人；科学与人文主义 /（奥）薛定谔著；陆永耕译 . -- 北京：中国科学技术出版社，2023.2

ISBN 978-7-5046-9912-1

Ⅰ. ①自… Ⅱ. ①薛… ②陆… Ⅲ. ①科学史学 – 文集 Ⅳ. ① N09–53

中国国家版本馆 CIP 数据核字（2023）第 029489 号

总 策 划	秦德继
策　　划	王姣雁　林镇南　剧艳婕
责任编辑	剧艳婕　王寅生
封面设计	锋尚设计
正文设计	中文天地
责任校对	邓雪梅
责任印制	马宇晨

出　　版	中国科学技术出版社
发　　行	中国科学技术出版社有限公司发行部
地　　址	北京市海淀区中关村南大街16号
邮　　编	100081
发行电话	010–62173865
传　　真	010–62173081
网　　址	http://www.cspbooks.com.cn

开　　本	880mm × 1230mm　1/32
字　　数	101千字
印　　张	4.875
版　　次	2023年2月第1版
印　　次	2023年2月第1次印刷
印　　刷	河北鑫兆源印刷有限公司
书　　号	ISBN 978-7-5046-9912-1 / O · 304
定　　价	58.00元

译者序

科学巨匠埃尔温·薛定谔开启了牛顿力学以后的新篇章，他在量子领域的贡献和作用，他与狄拉克共同获得1933年诺贝尔物理学奖，其影响一直持续到了2022年诺贝尔物理学奖，同时颁发给了在相关量子力学领域的三位物理学家，由此可见一斑。

薛定谔作为世界著名的物理学家之一，他的人文科普讲座，充分展示了其深厚的专业基础和人文关怀。众所周知，世界历史上许多著名的科学家，在进行科学探索的同时，同样关注着人文科学精神与理论，如爱因斯坦、培根、牛顿在科学探索过程中进行理论思想、方法的高度概括总结，也就是从科学层面，上升到具有普世价值的哲学高度。

这本书是薛定谔在都柏林三一学院所做的4次讲座的主要内容，其中包含了自然与希腊人、科学与人文主义，从中我们可以看到，科学家们在进行科学研究与交往中，极富幻想与智慧的探讨、争论与对话，间接促进了思辨力与方法论的日臻完善；也能体会到他们在向海而生、求知问道、追求真理时的那种别样心情。学术的争论与思想的碰撞，丝毫没有影响到他们追求真理与融洽相处，普及大众知识与推动社会进步的初心，在“高精尖”

专业研究的同时，花精力去做科普与社会人文讲座，充分表明专业研究与人文情怀之间的相互补充、相互推动的作用，这个时代需要“高精尖”的人才，也更需要有健全人格的专才。

本书讲述了在科学与人文之间的有关物质、本体、实体模型、因果性和复杂性的辩证思维，以及主客体之间、确定性与主观意志之间的关系等，还有科学领域的宏观宇宙热力学定律及分子细胞结构电子层。西方科学家讲究概念与逻辑，首先给出明确定义，然后进行条理辨析。我们知道在连续与不连续之间，在数学上分成了分析数学和离散数学，牛顿力学就是连续性概念的体现，但是在深入宏观和更微观的领域后，出现了非连续性所能表述的现象，从而诞生了量子力学，相对数学中的离散数学来说，我们也可以把量子力学在某种程度上称为物理学中的“离散物理”。

我们阅读本书时能够感受到，在探索知识的过程中，那些思想方法的脉络和灵光一闪的奇思妙想，让我们站在巨人的肩膀上，去欣赏浩瀚知识海洋中的神奇吧！

目录

▸▸ **CONTENTS**

第一部分　自然与希腊人

第一章　为什么要重返古代思想　/ 004

第二章　理性与感性的竞争　/ 019

第三章　毕达哥拉斯学派　/ 029

第四章　爱奥尼亚的启蒙运动　/ 045

第五章　色诺芬尼的宗教
以弗所的赫拉克利特　/ 058

第六章　原子论者　/ 064

第七章　什么是特殊特征？　/ 078

第二部分　科学与人文主义

序言　/ 090

科学对精神生活的影响　/ 091

科学成就倾向于掩盖其真实意义　/ 098

彻底改变我们对物质的看法　/ 100

形式而非实体，是基本概念　/ 106

我们的“模型”的本性　/ 109

连续描述和因果关系 / 113
错综复杂的连续体 / 116
波动力学的权宜之计 / 126
主体和客体之间壁垒的打破 / 133
原子或量子——破解连续体的复杂性 / 138
物理不确定性会给自由意志一个机会吗? / 142
尼尔斯·玻尔说:“预测的障碍” / 147

第一部分

自然与希腊人

谢尔曼讲座

在伦敦大学学院授课

1948 年 5 月 24 日、26 日、28 日和 31 日

致我的朋友 A.B.CLERY

感谢他无私的帮助

第一章
为什么要重返古代思想

1948 年年初，当我开始就这里所涉及的主题进行公开演讲时，仍然感到迫切需要在演讲前做出充分的解释和说明。我当时在那里（都柏林大学学院）所阐述的内容已经构成了你们面前这本小书的一部分。我从现代科学的角度增加了一些评论，并简要阐述了我认为是当今科学世界图景的基本特征。通过追溯西方哲学思想的早期阶段，证明这些特征是历史上产生的（而不是逻辑上的必然），也是我详述早期西方哲学思想的真正目的。然而，正如我所说，我确实感到有点不安，特别是因为这些讲座是我作为理论物理学教授的职责，我有必要解释一下（尽管我自己并不完全相信这一点），花时间介绍关于古希腊思想家的观点和对他们观点的评论，并不只是出于个人喜好；从专业的角度来看，这并不意味着浪费时间，也并非闲暇时才这样做。人们希望在理解现代科学，特别是现代物理学方面有所收获，这也是合理的。

几个月后的 5 月，在伦敦大学学院就同一主题发表演讲时（谢尔曼讲座，1948 年），我已经倍感自信了。

虽然我最初发现研究古代杰出学者的著作，如特奥尔多·贡佩茨（Theodor Gomperz）、约翰·伯内特（John Burnet）、西里尔·贝利（Cyril Bailey）、本杰明·法灵顿（Benjamin Farrington）——以后将引用他们中的一些意味深长的言论——对我有很大的帮助，但我很快就意识到，使我深入思想史的原因可能既不是出于偶然，也不是个人偏好，而是相比于其他科学家在恩斯特·马赫（Ernst Mach）的榜样和劝告下被吸引的科学家，我绝非被一种奇特的冲动所驱使，而是不知不觉地被一种以某种方式扎根于我们这个时代的思想状况的思潮所推动，如同经常发生的那样。事实上，在短短的一两年时间里，已经出版了几本书，其作者不是古典学者，他们主要是对当今的科学和哲学思想感兴趣；但他们在书中所体现的学术劳动，有很大一部分是在阐述和审视古代著作中现代思想的最早根源。已故著名天文学家和物理学家詹姆斯·金斯（James Jeans）的遗作《物理科学的成长》（*Growth of Physical Science*），因其出色而成功的普及性而广为人知。

还有伯特兰·罗素（Bertrand Russell）的《西方哲学史》（*History of Western Philosophy*），关于它的众多优点，我不需要也不能在这里详述。我只想回顾一下，伯特兰·罗素是作为现代数学和数理逻辑的哲学家展开辉煌事业的，这两卷书中的每一卷约有三分之一是关于古代的。几乎在同一时间，作者安东·冯·莫里（Anton von Mori）从因斯布鲁克给我寄来了一本类似的书，书名为《科学的诞生》（*Die Geburt der Wissenschaft*），他既不是古代学者，也不是科学学者，更不是哲学学者。在希特勒进军奥地利的时候，他不幸正在担任蒂罗尔（Tirol）州的警察局局长一职，为此他不得不在集中营受罪多年，最终从这场磨难中幸存下来。

如果我说这是我们这个时代的普遍趋势是正确的，那么问题自然就来了：它是如何产生的，它产生的原因是什么，它的真正含义是什么？即使当我们所考虑的思想趋势在历史上有足够长的时间，使我们对当时整个人类状况有一个公平的考察时，这些问题也很难得到详尽的回答。在处理一个相当新的发展时，我们最多只能希望指出其中有贡献的事实或特征。在目前的情况下，我认为有两种情况可以作为对那些关注思想史的人追溯过往的强烈倾向：一种是指人类在我们时代普遍进入的理智和情感阶段；另一种是几乎所有的基础科学都被笼罩在极其严峻的形势中（相对于它们高度繁荣的新的专业学科，如工程、实用化学包括核化学、医疗和外科医术和技术）。让我简单地解释一下这两点，先从第一点开始。

正如伯特兰·罗素特别清晰地指出的那样[①]，宗教和科学之间日益加剧的对抗并不是在偶然情况下产生的，一般来说，也不是由双方恶意造成的。相当多的互不信任是自然的，也是可以理解的。宗教运动的目的之一（如果不是主要任务的话）一直都是为了完善对人类在这个世界上所处的不尽如人意和令人困惑的状况的理解；封闭仅从经验中获得的令人不安的“开放性”，以提高他对生活的信心，加强他对同伴的仁慈和同情，我相信这是天生

① 《历史》。*West. Phil.*

的属性，但很容易被个人的不幸和痛苦的折磨所压倒。现在，为了满足未受教育的普通人的需求，这种对零散、不连贯的世界图景的融合，必须对物质世界的所有特征提供解释，这些特征要么是当时确实尚未理解的，要么没有被未受教育的人所掌握。这种需求很少被忽视，原因很简单，进行解释的通常是这些人，他们乐于分享、性格温和、善于交际，以及拥有对人类事务更深刻的洞察力，有能力说服大众并使他们对其开明的道德教育充满热情。巧合的是，这些人就他们的成长和学习而言，除了非凡的品质之外，他们自己通常是很普通的人，因此，他们对物质世界的看法与他们的听众一样不可靠。无论如何，他们会认为传播关于它的最新消息与他们的目的无关，即使他们知道这些消息。

起初，这一点并不重要，或根本不重要。但在几个世纪中，特别是在 17 世纪科学重生之后，它就变得非常重要了。一方面，宗教的教义被编纂和僵化，另一方面，科学开始改变（更不用说毁坏）当时的生活，从而侵入每个人的心灵，宗教和科学之间的相互不信任增长起来。它并不是从那些众所周知的无关紧要的细节中产生的，比如地球是在运动还是静止的，或者人是否是动物的后代；这些争端是可以被克服的，而且在很大程度上已经被克服，这种疑虑是根深蒂固的。通过越来越多地解释世界的物质结构，解释我们的环境和我们的身体，是如何通过自然达到我们所发现的状态的，而且通过把这些知识送给每一个感兴趣的人，人们担心科学的前景会越来越多地被从上帝手中夺走，从而走向一个自足的世界，上帝有可能成为一个无用的点缀。如果我们宣布这种恐惧是毫无根据的，那对那些真正怀有这种恐惧的人来说就很不公平了。社会和道德上危险的疑虑可能会出现，而且偶尔会出现——当然不是因为人们知道得太多，而是因为人们担心他们知道得比自己多。

然而，同样有道理的是一种可以说是补充性的认识，这种认识从科学诞生之初就一直困扰着它。

科学必须小心来自另一方的无能干扰，特别是在科学的伪装下。让人想起梅菲斯特（Mephisto），他穿着借来的博士袍，把他天真的玩笑强加给聪明的学者。我的意思是这样的，在诚实地寻求知识的过程中，你常常不得不无限期地忍受无知，与其通过猜测来填补空白，真正的科学更愿意忍受空白；这与其说是出于对说假话的良心发现，不如说是考虑到这个空白无论多么令人不快，它被一个假象所掩盖，就会消除寻求可靠答案的冲动。如此有效地转移注意力，以至于即使运气好，答案近在咫尺，也会错过。在科学家的头脑中，坚定不移地站在一个不存在的问题上，甚至把它作为一种刺激和进一步探索的路标来欣赏，是一种自然和不可或缺的欲望。这本身就容易使他与旨在构建完整图景的宗教产生冲突，除非这两种对立的态度（对各自目的而言都是合法的）被审慎地应用。

这种空白很容易给人以没有充分根据的印象。空白有时会被自己喜欢的人利用，不是作为进一步探索的动力，而是作为一种解毒剂，以消除它们对科学可能通过“解释一切”而剥夺世界的形而上学兴趣所带来的恐惧。一个新的假设被提出来了，当然，在这种情况下每个人都有权这么做，乍一看，它似乎牢牢扎根于确凿的事实，人们只是好奇，为什么这些人对这些事实或解释可以轻而易举地做到，而别人却做不到。但这本身并无异议，因为这正是我们真正要面对的现实。

然而，仔细观察，科学事业暴露了它的弱点（在我想到的案例中），因为它虽然在相当广泛的研究范围内提供了可以接受的解释，但却与健全科学确立的原则相抵触，它要么假装忽视这些原则，要么就其普遍性而轻描淡写地一带而过；相信后者，于是我们被告知，这正是妨碍正确解释有关现象的偏见，但一个具有一般原则的创造性活力恰恰源于它的一般性。

由于失去了基础，它失去了所有的力量，不能再作为一个可靠的指南，因为在每一个应用的实例中，它的能力都可能受到挑战。

为了使人怀疑这种废黜不是整个事业的偶然现象，而是其险恶的目标，有人相当圆滑地宣称：应当请以前的科学退出这一领域，该领域乃是某种宗教意识形态的游乐场，而这种宗教意识形态又不能真正有效利用它，因为它的实际领域远远超出科学解释所能覆盖的范围。

这种侵扰的一个众所周知的例子是反复试图将最终性重新引入科学，据称是因为反复出现的因果关系危机，证明它是无能为力的，实际上，它被认为是全能的上帝创造了一个他不允许在以后被篡改的世界。在这种情况下，被抓住弱点也是可以理解的。无论是进化论还是心灵—物质问题，科学都无法令人满意地阐明因果关系，即使对其最狂热的信徒也是如此。因此，“万岁”“生命力”“整体性”“定向突变”（directed mutations）“自由意志的量子力学”等，都介入进来。作为一种好奇心，让我提到一卷完整简洁的著作[①]，其纸张和形式都比当时英国作者习惯的要好得多。在一份关于现代物理学的健全的学术报告之后，作者开始高兴地讨论原子内部的目的论，并以这种方式解释它所有的活动——电子的运动、辐射的发射和吸收等。

> 并希望通过这种特殊的心血来潮的方式取悦于上帝，是上帝塑造这种奇想，并把它交给了他。[②]

但现在回到一般话题上来，我正试图阐述科学和宗教之间的天然敌意的内在原因。过去由此产生的争斗是众所周知的，不需要进一步评论。此外，它们并不是我们在这里所关心的，无论多么可悲，它们仍然表现出相互的利益冲突。一方是科学家，另一方是形而上学家，包括官方和学界的形而上学家，他们仍然意识到，他们为确保洞察力所做的努力毕竟是为了同一个目标——人和他的世界。人们仍然认为有必要清除那些大相径庭的意见，但这一点还没有达到。我们今天看到的相对休战，至少在有教养的人中间，并不是通过使两种观点（即严格的科学观点和形而上学）相互协调达成的，而是通过决心忽视（几乎是蔑视）对方。在一篇关于物理学或生物学的论文中，尽管是通俗的论文，偏离

---

① Zeno Bûcher，*Die Innenwelt der Atome*（Lucerne：Josef Stocker，1946）.
② 摘自肯尼思·黑尔（Kenneth Hare）的《清教徒》（*The Puritan*）。

主题而转向形而上学方面也被认为是无礼的，如果一个科学家敢于这样做，他很可能会被打断手指，让他猜测是由于冒犯了科学，还是由于批评者致力于的形而上学的分支。

观察一下，一边是只有科学信息被认真对待，而另一边则是将科学纳入人类的世俗活动中，其结论不那么重要，当与以不同方式、通过纯粹的思想或启示获得的卓越洞察力不一致时，自然要让步，这实在令人感到可笑。我们遗憾地看到，人类戴着眼罩在两条不同的、艰难的曲折道路上努力实现同一个目标，很少试图联合所有的力量，即使不能完全理解自然和人类的处境，至少也能舒缓地认识到我们探索的内在统一性。但我说，这是令人遗憾的，而且无论如何都会是一个可悲的景象，因为如果没有偏见地汇集我们所掌握的所有思考能力，那么，我们所能获得的知识领域范围可能会更大。然而，如果我使用的比喻真的合适，也就是说，如果是两个不同的人群沿着两条路行走，这种损失也许可以忍受。但事实并非如此，我们中的许多人并没有决定要走哪条路，许多人遗憾甚至绝望地发现，他们不得不交替地在一种和另一种观点之间换来换去。一般情况下，肯定不会出现这样的情况：通过获得良好的全面科学教育，你完全满足了对宗教或哲学安定的内在渴望，面对日常生活的变化，以至在没有其他东西的情况下感到非常高兴。经常发生的情况是，科学足以危及流行的大众宗教信仰，却没有其他东西来取代它们。这就产生了一种怪异的现象，即受过科学训练、能力很强的人，却有着令人难以置信的幼稚的、不成熟的或萎缩的哲学观。

如果你生活在相当舒适和安全的条件下，并认为它们是人类生活的一般模式，由于必然的进步，你相信它会传播并成为社会普遍现象，你似乎可以在没有任何哲学观点的情况下过得很好；如果不是无限期的，至少在你变老和衰弱并开始面对死亡的现实之前。但是，在现代科学之后出现的物质快速发展早期阶段似乎开启了一个和平、安全和进步的时代，现在这种状态不再存在，事情已经发生了可悲的变化。许多人，实际上是整个人类，被赶出了他们的舒适和安全区域，遭受了过多的丧亲之痛，认为他们自己和幸存下来孩子的未来前景黯淡。人类的生存，更不用说继续进步，已不再被认为是确定的，个人的痛苦、被埋葬的希望、即将到来的灾难及对文字统治者的谨慎和诚实的不信任，都容易使人们渴望得到哪怕是一个模糊的希望，无论是否可以严格证明，那就是经验的"世界"或"生活"被嵌入一个更高的背景中，即使这种背景还不可捉摸。但是有一堵墙，将"两条道路"，即心灵的道路和纯理性的道路分开，我们沿着这堵墙往回看：我们能不能把它推倒，它是不是一直在那里？当我们审视它在历史上的高山深谷蜿蜒曲折时，我们看到在两千多年前的一个遥远的地方，那里的墙变平了，消失了，道路还没有分裂，而是只有一个。我们中的一些人认为值得走回去，看看能从诱人的原始统一性中学到什么。

抛开这个隐喻不谈，我认为古希腊人的哲学此时此刻吸引着我们，因为在此之前或之后，世界上任何地方都没有建立过像他们那样高度先进和清晰的知识和思辨体系，而没有出现阻碍我们几个世纪并在我们这个时代变得难以忍受的致命分裂。当然，与其他地方和其他时期相比，存在着广泛的意见争论，彼此之间的斗争也同样激烈，有时还采取了不被承认的借用和销毁著作等不光彩的手段。但是，对于一个有学问的人被其他有学问的人允许发表意见的主题，却没有任何限制。人们仍然同意，真正的主题本质上是一个，对其任何部分得出的重要结论都可以，而且会影响到几乎所有其他部分，划分密不透风隔间的想法终究没有出现。反过来说，一个人很容易发现自己遭到责备，因为他对这种相互联系视而不见——就像早期的原子论者对他们所假设的普遍必然性在伦理学上的后果保持沉默，以及未能解释原子的运动和在天空中观察到的运动最初是如何建立的。说得夸张一点：我们可以想象，一个雅典学校的年轻学者在假期里去阿布德拉（Abdera）访问（要注意对他的师父保密），在被这位聪明的、远道而来的、世界闻名的老绅士德谟克利特接待时，向他提出了关于原子、地球形状、道德行为、上帝和灵魂不朽的问题，而对这些问题，老先生都没有回绝。你能轻易想象在我们这个时代，学生和他的老师之间的这种杂乱对话吗？然而，在所有的可能性中，相当多的年轻人都有类似的——我们应该说是古怪的——疑问，并希望与他们信任的人讨论所有这些问题。

关于第一点就到此为止，它是对古代思想重新产生兴趣的线索之一。现在让我提出第二点，即目前基础科学的危机。

我们中的大多数人都相信，一门关于时空中发生的事情的理想成就的科学，将能够在原则上把它们还原为（理想成就的）物理学完全可以描述和理解的事件。但是，在 20 世纪初，正是来自物理学的第一次冲击——量子理论和相对论——开始让科学的基础动摇起来。

在 19 世纪的古典时期，无论用物理学的术语实际描述植物的生长或人类思想家大脑中的生理过程，或燕子筑巢的任务，看起来都是那么遥远，人们相信最终应该解释的说明语言已经被破译，即物质的基本成分微粒在相互作用下运动——这种运动不是瞬时的，而是通过一种无处不在的媒介传播，人们可以选择或不选择称之为“以太”;“运动”和“传播”这两个词意味着这一切的措施和场景是时间和空间；时间和空间没有其他属性或任务，只是作为一个舞台，我们在上面想象微粒运动和它们的相互作用被传播。现在，一方面，相对论的引力理论表明,“演员”和“舞台”之间的区别是不恰当的。物质和传递相互作用的东西的（类似场或波）传播，最好被看作是时空本身的形状，它不应该被看作是在概念上先于迄今被称为其内容的东西。比如说，就像三角形的角先于三角形一样。另一方面，量子理论告诉我们，以前被认为是微粒最明显和最基本的属性，以至几乎没有人提到，即它们是可识别的个体，其意义有限。只有当一个微粒以足够的速度在一个没有太多同类微粒的区域内运动时，它的身份才（几乎）明确。否则，它就会变得模糊不清。

我们这么说，并不仅表明我们实际上无法跟踪有关粒子的运动，而且说绝对身份的概念本身被认为是不可接受的。同时，我们知道，当相互作用具有——它经常具有——短波长和低强度波的形式时，它本身就具有相当好的可识别粒子的形式，而与前面描述的波相对立。在传播过程中代表相互作用的粒子，在特定情况下，都与那些相互作用的粒子种类不同，但它们同样被称为粒子。为了使描述更完整，任何种类的粒子都表现出波的特性，它们运动得越慢，密度越大，波动性就越明显，同时也相应地失去了个性。

如果提到“打破观察者和被观察者之间的边界”，就更有利于我插入这个简短报告的论点，许多人认为这是更重要的思想革命，而在我看来，这似乎是一个被高估的临时状态，没有深刻的意义。不管怎么说，我的观点是这样的，现代发展——那些把它推向前台的人还远远没有真正理解——已经闯入了相对简单的物理学框架，而这个框架在 19 世纪末看起来相当稳定。这种侵入在某种程度上推翻了建立在 17 世纪基础上的东西，也就是由伽利略、惠更斯和牛顿奠定的根基被动摇了。并不是说我们不在这个伟大时期的魔力之下，我们一直在使用它的基本概念，尽管这样的言辞，奠基者很难承认。同时，我们也意识到，我们已经走到了尽头。因此，我们很自然地想起，那些开始塑造现代科学的思想家并不是从零开始的，尽管他们很少借鉴前几个世纪的知识，但他们非常真实地恢复和延续了古代科学和哲学。从这个因时间遥远和真正宏伟而令人敬畏的源头，先入为主的想法和毫无根据的假设可能已经被现代科学之父们继承，并通过他们的权威延续下去。

如果在古代高度灵活和开放的精神继续流行下去，这种观点就会继续被辩论，并可能被纠正。

一种偏见，在它最初出现的原始的、巧妙的形式中更容易被发现，而不是像后来的复杂的、僵化的教条那样。

科学似乎确实被根深蒂固的思维习惯所困扰，其中一些似乎非常难以被发现，而另一些则已经被发现。

相对论排除了牛顿的绝对空间和时间的概念，换句话说，就是绝对的无运动性和绝对的同时性，它至少把历史悠久的概念“力与物质”从其主导地位上赶了下来。量子理论在几乎无限制地扩展原子论的同时，也使自己陷入了比大多数人都更愿意承认的严重危机中。总的来说，现代基础科学的危机表明，有必要对其基础进行完善，直至非常早期的层次。

那么，这就进一步促使我们再次回到对希腊思想专心致志的研究中。

正如本章前面所指出的那样，不仅有希望发掘出被遗忘的智慧，而且还有希望从源头上发现根深蒂固的错误，因为它在那里更容易被识别发现。通过认真尝试把我们自己放回到古代思想家的智慧状况中去，他们对自然界实际行为的经验要少得多，但往往偏见也少得多，我们就可以从他们那里重新获得思想的自由——尽管可能是为了利用它，在我们对事实知识的帮助下，纠正他们仍然使我们困惑的早期错误。

让我以一些引文来结束本章的讨论。

第一篇文章与刚才所说的内容密切相关，译自特奥尔多·贡佩茨（Theodor Gomperz）的《希腊思想家》（*Griechische Denker*）。[①] 有人可能会反驳说，研究古代观点不会带来任何实际的好处，因为这些观点早已被基于巨大优势信息更好的洞察力所取代，为了应对这些，我们提出了一系列论据，并以下面的段落结束。

> 更为重要的是，要记住一种间接的应用或利用，必须被视为非常重要。我们几乎所有的智力教育都源于希腊人。对这些渊源的彻底了解是使我们摆脱其压倒性影响不可或缺的前提。忽视过去在这里不仅是不可取的，而且是根本不可能的。
>
> 你不需要知道古代大师柏拉图和亚里士多德的学说和著作，你也不需要听说过他们的名字，但你却被他们的权威所迷惑。他们的影响不仅被那些在古代和现代继承他们的人传了下来，我们的整个思维，它所运用的逻辑类别，它使用的语言模式（因此被其所支配）——所有这些在很大程度上都是人工产物，并且主要是古代伟大思想家的产物。事实上，我们必须彻底研究这个成长的过程，以免我们把成长和发展的结果误认为是原始的，把实际上是人工的东西误认为是自然的。

以下几句话摘自约翰·伯内特《早期希腊哲学》（*Early Greek Philosophy*）的序言："……如果说科学是'以希腊的方式思考

---

① 第一卷，第 419 页（1911 年第三版）。

世界'，这是对科学的充分描述，这就是为什么除了在受希腊影响的民族中，科学从来没有存在过。”这是一个科学家希望得到的最简洁的理由，为他在这种研究中“浪费时间”的倾向寻找借口。

而且似乎还需要一个借口。恩斯特·马赫是贡佩茨在维也纳大学的物理学家同事，著名的物理学历史学家，在几十年前曾谈到“稀缺而贫乏的古代科学遗迹”。[①] 他继续这样说：

> 我们的文化已经逐渐获得完全的独立，远远超过了古代的文化。它正在遵循一种全新的模式，它的中心是数学和科学的启蒙，仍然存在于哲学、法学、艺术和科学中的古代思想遗迹变成了障碍，而非有益，并且从长远来看，面对我们自己观点的发展，它们将变得站不住脚。

尽管马赫的观点非常傲慢粗鲁，但它与我从贡佩茨那里引用的内容有一个共同点，即要求我们必须为战胜希腊人进行辩解。但是，当贡佩茨通过明显真实的论据来支持一个重要转向时，马赫却通过严重的夸张来维持原来的观点。在同一篇论文的其他段落中，他推荐了一种超越古代的古怪方法，即忽视和不理会古代。据我所知，在这一点上，他几乎没有成功——幸运的是，因为伟大人物的错误与他们天才的发现一起被传播，很容易造成严重的破坏。

---

① 《大众讲座》，第 3 版，文章第XⅦ段（J. A. Barth，1903 年）。

第二章
理性与感性的竞争

可以说伯内特的短文和最后一章末尾引用的贡佩茨的长文构成了这本小书的精选“文本”。

我们稍后将回到这些问题上，那时我们将试图回答：希腊人思考世界的方式是什么？在我们现在的科学世界观中，那些源自希腊人的特殊特征是什么？科学是希腊人的特殊发明，因此不是必要的，而是人为的，只是历史上产生的，因此能够改变或修改，而我们由于根深蒂固的习惯，容易将其视为自然和不可剥夺的，作为看待世界的唯一可能方式。

然而，目前我们还不能进入这个主要问题。相反，回答前，我希望向读者介绍古希腊思想中我认为与我们的背景有关的部分。我不会采取按时间顺序排列的方式，因为我既不愿意也没有能力写一部希腊哲学简史，因为有那么多好的、现代的和有吸引力的简史（特别是伯特兰·罗素和本杰明·法灵顿的）供读者阅读。与其在时间上遵循顺序，不如让我们以主题的内在联系为指导。这将汇集各种思想家对同一问题的想法，而不是某位哲学家或某群圣人对不同问题的态度。我们希望在这里重构的是思想，而不是单独的人或思想。因此，我们将选择两三个主要思想或思想动机，它们产生于早期阶段，在古代几个世纪中使人们保持警觉，并且与时至今日还在激烈争论的问题有着密切相关的联系。把古代思想家的信条围绕着这些主要思想组合起来，我们就会感到他们的思想快乐和痛苦比有时猜测的更接近我们自己。

在古人自然哲学中，有一个被广泛讨论的问题，被放在非常突出的位置，涉及感官的可靠性。不管怎么说，这就是现代学术论文中经常回顾问题的标题。它产生于对感官偶尔“欺骗”我们的观察——就像一根直棒，斜着浸入水里，看起来是断的，以及注意到同一物体对不同的人有不同的影响——古代的例子是黄疸患者尝到的蜂蜜是苦的。

直到不久前，一些科学家还满足于他们选择所谓物质的“第二”品质（颜色、味道、气味等）与“第一”品质（延伸和运动）之间的区别。这种区分无疑是争论的晚期产物，是一种尝试性的解决方式：初级品质被认为是精华，是真实的、不可动摇的，是由理性从我们的感觉资料中直接提炼出来的。当然，这种观点不再被接受，因为我们已经从相对论中了解到（如果我们以前不知道的话）空间和时间，以及物质在时空中的形状和运动，都是心灵的一种对于假象的精心构造，绝对不是不可动摇的，如果有的话，“直接感觉”值得被称为“第一”性质的称号。

但感官的可靠性只是更深层次问题的序幕，这些问题在今天非常活跃，一些古代思想家也充分意识到了这一点。我们尝试的世界图景是否仅仅基于感官知觉？理性在它的构建中发挥了什么作用？它最终是否真的只依赖于纯粹的理性？

在 19 世纪实验性发现进程中，任何强烈倾向于“纯粹理性”的哲学观点都会得到糟糕的评价，当然是来自主流的科学家。现在情况不再如此了。已故的阿瑟·爱丁顿爵士（Arthur Eddington）对纯粹理性理论越来越有好感。尽管很少有人会跟随他走到极端，但他的论述因其独创性和富有成效而受到敬佩，马克斯·博恩（Max Born）发现有必要写一本书来反驳。

至少可以说，埃德蒙·惠特克（Edmund Whittaker）非常喜欢爱丁顿的主张，即一些表面上纯粹经验的恒定常数，可以从纯理性中推断出来，例如，宇宙中基本粒子的总数。撇开细节不谈，从更广泛的角度来看爱丁顿的努力，它源于对自然界合理性和简单性的强烈信心，我们发现他的想法绝不是孤立的。即使是爱因斯坦奇妙的引力理论，也是基于可靠的实验证据，并被他所预测的新的观测事实所验证，但只能由一个对思想简单性和美感有强烈感觉的天才发现。他试图将他伟大的成功概念概括化，推广至包括电磁学和核粒子的相互作用，是希望在很大程度上“猜测”自然界真正运作的方式，从简单和美丽的原则中得到线索。事实上，这种态度的痕迹弥漫在现代理论物理学的工作中——也许太多了，但这里不作评论。

关于试图从理性中先验地构建自然界的实际行为方面的极端观点，在近代可以由爱丁顿和恩斯特·马赫代表。在这些范围内各种可能的态度，以及坚持一种观点，为其辩护和攻击——也许是嘲笑——被拒绝的替代方案的全部活力，在古代的伟大思想家中都有明确的代表。我们真的不知道，我们是应该对他们在对自然界实际规律了解得极少的情况下，却能够对其基础产生各种不同的意见，并对他们在捍卫个人所喜爱的观点时的狂热感到惊讶，还是应该对争论至今仍未平息，对被我们后来获得的深远的洞察力所浇灭感到惊奇。

巴门尼德（Parmenides）大约在公元前480年活跃于意大利的埃利亚（Elea），他大约比苏格拉底在雅典早出生10年，比德谟克利特在阿布德拉出生早10年多一点，是最早发展出一种极其反感觉的、以先验论构想的世界观的人之一。他的世界所包含的东西很少，事实上也很少，而且这些东西与观察到的事实完全相悖，以致他被诱导，连同他对世界的“真的”概念，对“世界的真实情况”作了有吸引力的描述，有天空、太阳、月亮和星星，当然还有许多其他的东西。但他说，这只是我们的信念，这都是由于感官的欺骗。事实上，世界上没有很多东西，只有一个东西。这个“一”就是“是”的东西，与“不是”的东西相对立。后者，从纯粹的逻辑来看，是不存在的，因此，只有第一个提到的“一”。此外，在空间中不可能有任何地方，在时间中也不可能有任何时刻，是“一”不存在的，因为作为“是”的东西，它在任何地方都不可能有“不是”这一矛盾的预测。因此，“一”是无处不在的，是永恒的。不可能有任何变化，也不可能有任何运动，因为没有任何空隙可以让“一”移动到它尚未存在的地方。我们所相信与之相反的证据都具有欺骗性。

读者会注意到，我们面对的是一种宗教——顺便说一下，是用精美的希腊诗句吟诵的——而不是一种科学的世界观。但在当时，这种区别是不会出现的。宗教或对巴门尼德来说，对诸神的虔诚无疑不属于“信仰”的表面世界。他的“真理”是有史以来最纯粹的一元论。他成为一个学派（埃利亚学派）的创始人，对后世产生了巨大的影响。柏拉图非常认真地对待埃利亚人对其“形式论”的反对意见。在他以我们的圣人名字命名的对话中，可以追溯到他出生之前（苏格拉底还是个年轻人的时候），柏拉图阐述了这些反对意见，但几乎没有尝试去反驳它们。

让我补上一个细节，这也许不仅仅是一个细节。从我上面简短的描述中，我遵循了通常说法并作了简要描述，似乎巴门尼德的教条主义指的是物质世界，他根据自己的喜好用其他东西代替了物质世界，而且与观察完全相悖。

但他的一元论比这更深入，在狄尔斯（Diels）引用的一个文本中，[①] 巴门尼德残篇 5：

因为思维和存在是一样的

这句话紧接着阿里斯托芬（Aristophanes）的一句话：“思考和行动有同样的力量。”同样，在残篇的第一行，我们读道：

① Diels，*Die Fragmente der Vorsokratiker*（Berlin，1903），1st ed.

言语和思维都存在的东西。

而在残篇 8，第 34 行我们读道：

思维和思维的目标是同一回事。

[我按照狄尔斯的解释，放弃了伯内特的反对意见，即需要用定冠词才能使被我译成“思维”和“存在”的希腊语不定式成为这句话的主体。在伯内特的翻译中，残篇 5 失去了阿里斯托芬陈述中的相似性，而残篇 8 的句子变成了完全的同义词：“可以思考的东西和为了思考而存在的东西是一样的。”]

让我补充普罗提诺（Plotinus）的一句评论（狄尔斯为残篇 5 所引），他说巴门尼德“把存在的事物和理性合二为一，而不会把存在的事物放在感官之上。他说‘因为思维和存在是一样的’，他还说后者是不动的，尽管在加入思维时他剥夺了它的身体所有那样的运动”。

巴门尼德这种反复强调存在的事物、思维或思想的同一性，以及从古代思想家们提到他的论断的方式来看，我们必须推断，巴门尼德的不动、永恒的“一”并不是指对我们周围的真实世界的一种异想天开的、扭曲的和不充分的精神形象，就好像它的真实性质是一种均匀的、不搅动的流体，永远充满整个空间而没有边界——一种简化的、超球形的（hyperspherical）爱因斯坦宇宙，正如现代物理学家所倾向于称呼它的那样。他的态度是，他不把我们周围的物质世界作为一个理所当然的现实，他把真正的现实放在思想里，放在我们认知的主体里。我们周围的世界是感官的产物，是由感官知觉在思维主体中创造的形象，通过信仰的方式。这位诗人兼哲学家认为这很值得考虑和描述，他诗的后半部分就表明了这一点，这首诗完全是针对它的。但感官提供给我们的并不是真实的世界，不是康德所说的“自在之物”。后者存在于主体中，存在于它是一个主体的事实中，能够思考，至少能够进行某种心理过程，就像叔本华（Schopenhauer）所说的那样，有永久的意愿，我毫不怀疑这就是我们哲学家所说的永恒的、不动的“一”。它在本质上不受影响，不因感官对它的展示而改变——与叔本华对意志的断言一样，他试图解释为康德的“自在之物”。我们面对的是一种诗意的尝试——不仅在格律形式方面是诗意的，而且是心灵（或者如果你喜欢的话，是灵魂）、世界和神性的结合。面对强烈感知的心灵的一体性和不变性，世界表面的千变万化特征不得不让步，被视为一种单纯的幻觉。显然，这导致了一种难以忍受的扭曲，而巴门尼德诗的第二部分仿佛纠正了这一点。

诚然，这第二部分意味着严重的不一致，这无法通过任何解释来消除它。如果现实从感官的物质世界中被废除，那么后者就是一个不存在，一个实际上不存在的东西吗？那么第二部分是所有关于不存在事物的童话故事吗？

但至少，据说它涉及的是人类的信念，信念在心灵中，被认定为存在；那么，作为心灵的现象，信念难道没有某种存在吗？

这些问题是我们无法回答和消除的矛盾。我们必须记住，第一次触及与普遍接受的观点相悖的深层隐秘真理的人，通常会夸大其词，这很可能使他陷入逻辑上的矛盾。

我们现在来简单考虑一下某人的观点，他代表了对这个问题可能采取的另一个极端态度，即直接的感性信息或推理的人类思维是真理的主要来源，因此对现实有更充分的，甚至是唯一的要求。作为纯粹感觉主义的一个突出例子，伟大的诡辩家普罗泰戈拉（Protagoras）大约于公元前 492 年出生在阿布德拉（30 年之后，大约公元前 460 年，那里诞生了伟大的德谟克利特），普罗泰戈拉认为感官知觉是唯一真正存在的东西，是我们世界图景的唯一材料。

原则上说，所有这些都是同样真实的，即使被发烧、疾病、醉酒或疯狂所改变或扭曲。古代的例子为蜂蜜对黄疸病患者是苦味，而对其他人则是甜味。普罗泰戈拉对这两种情况下的“似乎”或幻觉一无所知，尽管他说，我们有责任帮助和治疗拥有类似异常现象的人。他不是一个科学家（就像巴门尼德一样），尽管他确实对爱奥尼亚启蒙运动有着深厚的兴趣（我们将在后面谈到）。根据法灵顿的说法，普罗泰戈拉的努力主要集中在为人权站台，促进更公平的社会制度，为所有人提供平等的公民权利，简而言之，就是真正的民主。当然，在这一点上，他并没有成功，因为古代文化直到其衰落都是建立在经济和社会制度上的，而这种制度主要依赖于人类的不平等。他最有名的一句话，即“人是万物的尺度”，通常被认为是指他的感性知识理论，但也可能包含了对政治和社会问题的一种简单的人类态度：人类事务应由适合人类本性的法律和习俗来安排，并且不受传统或任何形式的迷信影响。他对传统宗教的态度保留在以下的话中，这些话既谨慎又诙谐："关于神，我既不知道他们是或不是，也不知道他们的形象是什么，因为有很多东西阻碍了确定的知识，如主题的晦涩和人类生命的短暂性。"

我在古代任何一位思想家身上遇到的最先进的认识论态度，至少在德谟克利特的一个残篇中得到了清晰而富有意义的表达，我们将不得不把他作为伟大的原子论者来讨论。现在我们只需说，他当然相信他被引导到的物质世界观的合宜性，像我们这个时代的任何物理学家一样坚定地相信它：僵硬的、不可改变的小微粒在虚空中沿着直线运动、碰撞、反弹，等等，从而产生在物质世界中观察到的所有巨大变化。他相信这种将难以言喻的丰富的事物，简化为纯粹的几何图像的做法，而且他的信念是正确的。

理论物理学在当时远远领先于实验（实验几乎不为人所知），这是前所未有的，更不用说我们自己的时代了，我们看到它在后面拼命追赶。然而，德谟克利特意识到，在他的世界图景中，赤裸裸的理智构造取代了光和色、声和香、甜、苦和美的实际世界，它实际上只是基于表面上已经消失的感官知觉本身。在残篇 125 中，他介绍了理智与感官的竞争，该残篇取自盖伦，大约 50 年前才被发现。理智说："表面上有颜色，表面上有甜味，表面上有苦味，实际上只有原子和虚空。"对此，感官反驳道："可怜的理智，你希望打败我们，而从我们这里借来你的证据吗？你的胜利就是你的失败。”你根本不可能把它说得更简短和清楚。

这位思想家的无数其他残篇很像是康德著作中的片段：我们认识到没有什么是真实的，我们实际上是一无所知，真理隐藏在黑暗深处，等等。

单纯的怀疑是廉价和没有结果的。只有当一个比前人都更接近真理，但又清楚地认识到他自己的精神结构的狭窄限制时，这样的人身上的怀疑精神是伟大而富有成效的，它不会减少而会使发现的价值加倍。

第三章
毕达哥拉斯学派

从巴门尼德或普罗泰戈拉这样的人身上，我们几乎无法推断出他们所持的这种极端观点对科学能起什么作用，因为他们不是科学家。毕达哥拉斯学派（Pythagoreans）是一个具有强烈科学取向，同时又具有明显的偏见，接近于宗教偏见的思想家学派的原型，他们把自然体系还原为纯粹理性。他们主要在意大利南部活动——在半岛的“脚跟”和“脚趾”之间海湾周围的克罗顿（Crotón）、西巴里斯（Sybaris）、塔兰托（Tarentum）等城镇。信徒们的组成类似一个宗教团体，对进食和其他行为有古怪的仪式要求，对外人严格保密，至少在部分教义上是如此。[①] 创始人毕达哥拉斯（Pythagoras）活跃于公元前 6 世纪下半叶，他是古代最

① 不同的古代作者评论了希帕索斯（Hippasus）因泄露 5 角 12 面体（pentagon-dodecahedron）的存在而引起巨大丑闻，或者如其他人所说，某种“不可公度性”和“不对称性”，他被开除出教团，还提到了其他的惩罚：大家为仍然健在的他准备了坟墓，他（被复仇的神灵）淹死在公海上。

古代的另一个大丑闻与以下谣言有关：柏拉图以高价从一个急需钱的毕达哥拉斯学派那里购买了三卷手稿，以便在不泄露来源的情况下为自己所用。

杰出的人物之一，围绕他的超自然力量的传说层出不穷：他可以在他的“灵魂的迁移”（metempsychoses）中记住所有的前世，有人在意外翻动他的衣服时发现他的大腿是纯金的。

他似乎没有留下什么著作，他的话对他的学生来说是福音，可以解决他们之间的争论，是确定无误的真理，是众所周知的“准则”。还有人说，他们敬畏地说出他的名字，称他为“那边的人”（yonder man）。由于上述群体的特点和态度，我们有时很难判断某项教义是否可以追溯到他，或从谁那里起源。

毕达哥拉斯学派强烈影响了柏拉图及其学园（Academy），后者明显继承了南意大利学派的先验论观点。

事实上，从思想史的角度来看，我们完全可以把雅典学派称为毕达哥拉斯学派的一个分支。毕达哥拉斯学派并没有真正遵守“准则”，这一点并不重要，而他们急于掩饰而不是强调自己的依赖性，以提升自己的原创性，就更不重要了。但是，我们关于毕达哥拉斯学派的很多信息，要归功于亚里士多德的真诚和诚实的报告，尽管亚里士多德基本上不同意他们的观点，并指责他们毫无根据的先验论偏见，而他自己也很容易持有这种偏见。

我们知道，毕达哥拉斯学派的基本教义是“万物皆数”，尽管有些报道试图弱化这个悖论，说“万物像数”，即与数相类似。我们还远远不知道这一断言的真正含义是什么，它很可能起源于毕达哥拉斯著名的发现，即弦的整体或有理数部分（例如 1/2、2/3、3/4），产生的音乐音程组成一首和谐的歌曲时，可能会让我们感动得流泪，就像它直接对我们的灵魂诉说一样。[灵魂和身体之间关系的起源，可能来自菲洛劳斯（Philolaus）：灵魂被称为身体的和谐，与音乐的关系就像灵魂产生的声音与乐器一样。]

根据亚里士多德的说法，“事物”（即数）首先是感性的、物质的物体。例如，在恩培多克勒（Empedocles）发展了“四根说”之后，四根也“变成”了数字；但诸如灵魂、正义、机会等“事物”也有，或者说“是”它们的数字。数的分配与数论的一些简单属性是相关的，例如，平方数（4，9，16，25…）与正义有关，而正义则与其中的第一个数字4相等同。

这里的基本想法一定是把数字分成两个相等（equal）的因数［比较一下“公平”、“公正”（equity）、“公平的”、“公正的”（equitable）等词］。数目为平方数的点可以排列成一个正方形，比如说九宫格。同样，毕达哥拉斯学派也谈到了三角形数，如3、6、10等。

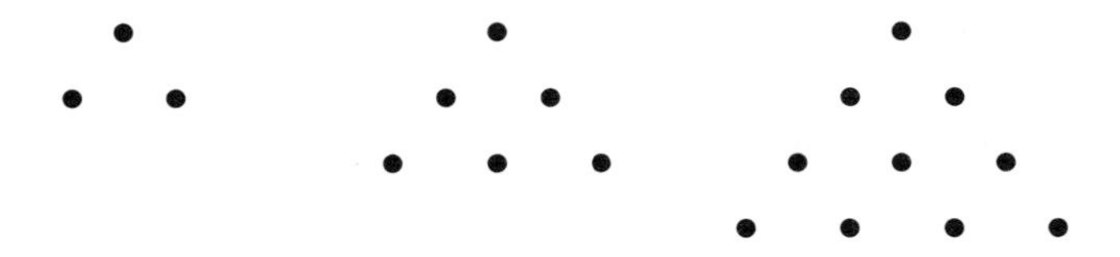

这个数字是由三角形一条边上点的数量（n）乘以下面的一个（$n+1$），然后将乘积（总是偶数）除以2得到的，即$\frac{n(n+1)}{2}$。要想看清楚这一点，可以将这个三角形与第二个倒置三角形拼在一起，并将得到的图形变形为长方形。

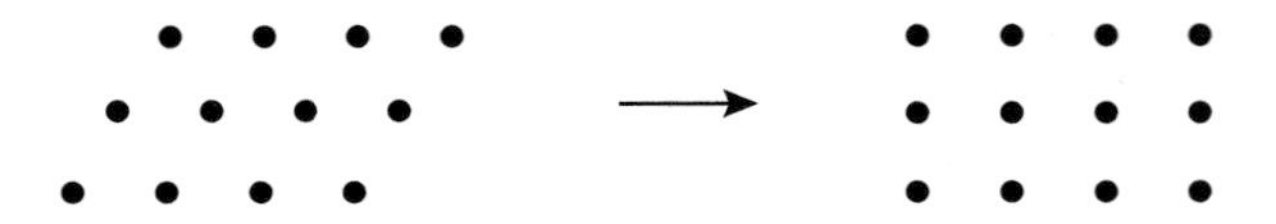

在现代理论中，轨道角动量的平方是 $n(n+1)h^2$，而不是 n^2h^2，其中 n 是一个整数。

这句话只是为了说明一个事实，即三角形数的区别并不只是一种幻觉，在数学中经常出现。

三角形数 10，受到特有的尊重，可能因为它是第四个三角形数，从而涉及正义。

我们从亚里士多德忠实的——并非冷笑的——报告中可以看出，沿着这样的思路会感到非常荒唐。一个数字的主要属性是奇数或偶数（到这里还不错，数学家很熟悉奇数和偶数的基本区别，尽管后者只包含数字 2）。但是，奇数被认为决定了一个事物的有限特性，而偶数则被认为决定了事物的无限特性。它象征着无限可分性，因为一个偶数可以被分成两个相等的部分。另一位评论家发现偶数的缺陷或不完整性（指向无限），因为当你把它一分为二时：

• • • | • • •

中间留有一个空域，没有归属，也没有数字。

四个元素（火、水、土、空气）似乎被认为是由 5 种正多面体中的 4 个组合起来的，而第 5 种，即正十二面体，则被保留为整个宇宙的容器，可能是因为它是如此接近球体，并被五边形所包围，这个图形本身扮演着神秘的角色，由其 5 条对角线构成著名的五角星，也增强了这个图形。

早期的毕达哥拉斯学派信徒之一的佩特伦（Petron）认为，共有 183 个世界，排列成三角形——尽管顺便说一下，这不是一个三角形的数字。在这个场合，记得一位著名的科学家告诉我们，世界上基本粒子的总数是 $16\times17\times2^{256}$，其中 256 是 2 的平方的平方的平方，我们想起这些来是不是有些大不敬？

后来的毕达哥拉斯学派相信灵魂的转世，从字面意义上来说是如此，通常说，毕达哥拉斯本人也是如此，色诺芬尼（Xenophanes）在几段描述中向我们讲述了关于这位大师的一段轶事：当他偶遇一只被残酷殴打的小狗时，心生怜悯，对折磨它的人说不要再打它了，因为它是一个朋友的灵魂，我听到它的声音就认出了它。色诺芬尼的这句话可能是为了讥讽这位伟人的愚蠢信念。今天，我们对它会有不同的感受，假设这个故事是真的，人们可能会猜测他的话有更简单的含义：住手，因为我听到一个受折磨朋友的声音，在呼唤我的帮助 [“狗是我们的朋友”成了查尔斯·谢灵顿（Charles Sherrington）的一句口头禅]。

现在，让我们回到开始提到的一般想法，即数字是万物基础的想法。我说过，这显然是从关于振动弦长度的声学发现开始的。但是，为了公正地对待它（尽管它的衍生物有些荒唐），我们不能忘记，这是数学和几何学的第一个伟大发现，这些发现通常与物体的一些实际或想象的应用有关，而数学思想的本质是，它从物质环境中抽象出数字（长度、角度和其他数量），并处理它们之间的这种关系。的确，基于这样一种程序，以这种方式得出的关系、模型、公式、几何图形……往往会出人意料地适用于与它们最初被抽象出来的物理环境完全不同的场合。数学模型或公式突然间将秩序带入一个领域，而这个领域并不是它所要的，而且在得出数学模型时也从未想过。这样的经验令人印象深刻，也很容易让人相信数学的神秘力量。“数学”似乎是万物的底层，因为我们在没有把它放进去的地方意外地发现它，这个事实肯定一次又一次地打动了年轻的崇拜者，它作为物理科学进步中的一个重要事件回来了。就像有一个著名的例子——哈米尔顿（Hamilton）发现一般力学系统的运动与一束在不均匀介质中传播的光线所遵循的规律完全一样。现在，科学已经变得成熟，它学会了在这种情况下谨慎行事，而不是在可能只有形式相似的情况下，想当然地认为本质上同源，这是由数学思维的本质所决定的。但在科学的初级阶段，上述带有神秘性质的轻率结论，不会让我们感到惊讶。

一个有趣的，甚至是不相关的，适用于完全不同环境模型的现代案例是道路规划中所谓的“过渡曲线”，连接道路两个直线部分的弯道不应该是一个简单的圆。因为这意味着驾驶者在从直道进入圆圈时必须突然猛打方向盘，一个理想的“过渡曲线”出现了：它应该要求方向盘在前半部分以均匀的速度转动，而在过渡的后半部分以同样的速度转回，这一条件的数学表述要求曲率必须与曲线的长度成正比。事实证明，这是一条非常特殊的曲线，早在汽车出现之前就已经为人所知，即考纽螺线（Cornu's spiral）。据我所知，它唯一的应用是光学中一个简单而特殊的问题，即由点光源照射的狭缝后面的干涉图案，这个问题导致了考纽螺线理论的发现。

每个学生都知道这个简单的问题，就是在两个给定的长度（或数字）p 和 q 之间插入第三个数字 x，使 p 与 x 的比例与 x 与 q 的比例相同。

$$p : x = x : q \tag{1}$$

例如，如果 q 是 p 的 9 倍，x 必须是 p 的 3 倍，因此 x 是 q 的 $\frac{1}{3}$。由此得出，x 的平方等于 p 与 q 的乘积。

$$x^2 = pq \tag{2}$$

（这也可以从比例的一般规则中推断出来，即“内”项之积等于“外”项之积）。希腊人将这一公式从几何上解释为“矩形的面积”，x 是正方形的边，其面积与边为 p 和 q 的矩形的面积相同。他们只知道代数公式和方程式的几何解释，因为通常没有数字与公式相匹配。

例如，如果取 q 等于 $2p$、$3p$、$5p$（为了运算简便，此处取 p 等于 1）……那么 x 就是我们所说的$\sqrt{2}$、$\sqrt{3}$、$\sqrt{5}$……但对他们来说，这些都不是数字，因为当时还没有发明这类数。因此，任何上述公式的实现都是用几何法求取平方根。

最简单的方法是沿着一条直线画出 p 和 q，然后在它们的连接点（N）处画一条垂直线，以 O（$p+q$ 的中间点）为中心画出经过 $p+q$ 的端点 A 和 B 的圆，并在 C 处与垂直线相交（见图 1）。

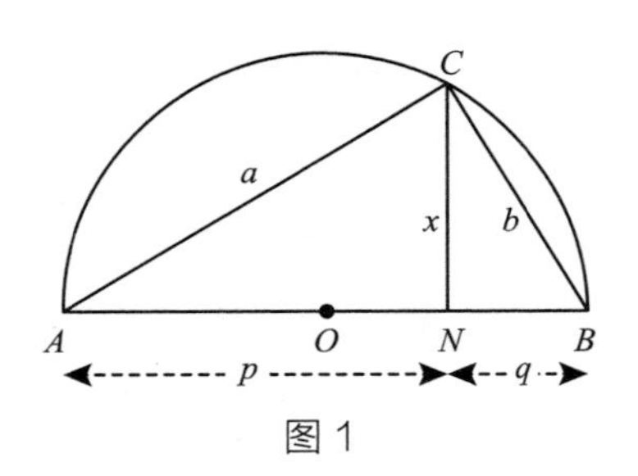

图 1

比例公式（1）是由矩形三角形 ABC 的事实得出的，C 是“半圆上的角”；这使得 ABC、ACN 和 CNB 这三个三角形在几何学上相似。在三角形中还有两个“几何平均”，把 $p+q=c$ 设为斜边：

$$q:b=b:c，于是\ b^2=qc，$$

$$p:a=a:c，于是\ a^2=pc，$$

因此，得到：

$$a^2+b^2=(p+q)\ c=c^2。$$

这是所谓的毕达哥拉斯定理的最简单证明。

毕达哥拉斯学派很可能在一个完全不同的环境中想到了比例公式（1）。如果 p、q、x 是你在同一根弦上用琴马划定的长度，或者像小提琴手那样用手指压住，那么 x 产生的音“在 p 和 q 的中间”；从 p 到 x 和从 x 到 q 的音乐音程是相同的。这很容易使人想到把一个给定的音程分成两个以上等距的问题。初看这似乎会导致不和谐，因为即使原来的比例 $p:q$ 是合理的，插值步骤也会有偏差。然而，在等音阶的钢琴调音中，恰恰遵循了这种插值的方式，有 12 个音阶，这是一种折中，从纯和声角度来看是不妥的，但在一个需要预先定调的乐器中几乎是可以避免的。

阿基塔斯（Archytas，因于公元前 4 世纪中叶在塔伦图与柏拉图的友谊而为人所知）从几何学上解决了另一个问题，即如何寻找两个几何平均，或将一个音程分成三个相等的音级。另一方面，这也相当于在几何上找到给定比例 q/p 的立方根。后一种形式——求立方根——被称为德洛斯问题（Delian problem）；德洛斯（Delos）岛上的阿波罗祭司曾经要求一位神谕请愿者将他们祭坛的石头体积扩大一倍，这块石头是一个立方体，一个体积是它 2 倍的立方体，必须有一个 2 倍于所给边长的$\sqrt[3]{2}$。

用现代符号表示，可以写成这样：

$$p:x=x:y=y:q \tag{3}$$

从中可以推断出

$$x^2=py;\ xy=pq \tag{4}$$

将两个等式两边分别相乘，并消去因子 y，得

$$x^3=p^2q=p^3\frac{q}{p} \tag{5}$$

$$x=p\sqrt[3]{\frac{q}{p}}$$

阿基塔斯的解决方案，相当于重复上面提到的结构（见图 2），上面提到的第二类比例，相当于：

$$p:x=x:y \text{ 和 } x:y=y:q$$

然而，这只是阿基塔斯构造的最终结果，它在空间上是一个非常复杂的构造，使用了球体、圆锥体和圆柱体的交叉截面——确实如此复杂，以至在我的（第一版）狄尔斯的《预言家》中，

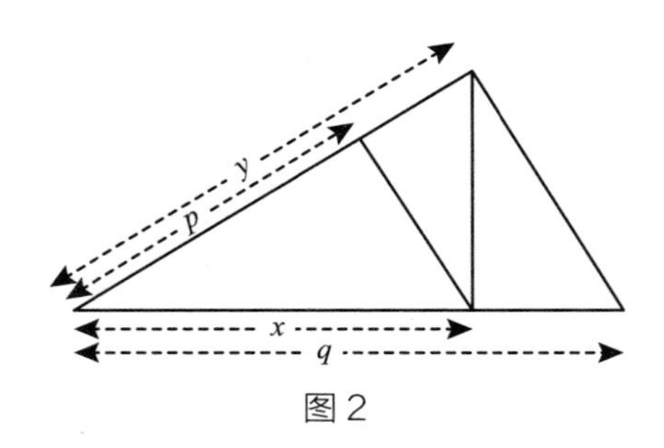

图 2

据称描绘了文本的图完全是错误的。事实上，上述看似简单的图形不能直接用圆规和尺子从给定的数据 p 和 q 中构建，因为用尺子只能画直线（一次曲线），用圆规只能画圆，这是一条特殊的二次曲线；但是，为了求立方根，必须有一条至少是特殊的三次曲线，阿基塔斯通过那些相交曲线巧妙地解决了它。

他的求解方法并不像人们认为的那样，是一种过度的复杂化，而是一项伟大的壮举，他比欧几里得早了大约半个世纪。

我们这里考虑毕达哥拉斯学说的最后一点是他们的宇宙论，我们对这一点特别感兴趣，是因为它表明，一种充满了毫无根据的、先入为主的完美、美丽和简单理想化的前景，却获得了意外效果。

毕达哥拉斯学派知道地球是一个球体，他们可能是第一批知道这个的人。这一推断很可能是从月食时地球对月亮的圆形阴影中得出的，他们对这一推断的解释或多或少是正确的（见下文）。他们对行星体系和恒星的模型用图 3 进行了简要的说明。

球形地球在 24 小时内围绕一个固定的中心火（是中心火，不是太阳！）旋转，地球总是把同一个半球转向这个中心，就像月球对我们一样，这个半球不适合居住，因为它太热。毕达哥拉

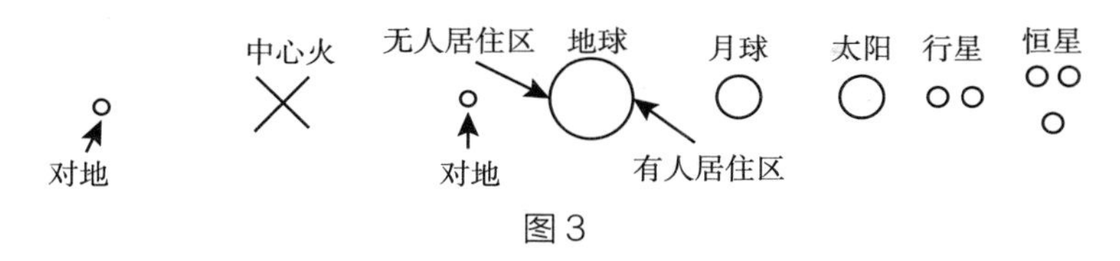

图3

斯学派认为有9个球体，都以特有的速度以中心火为中心旋转，仿佛携带着①地球，②月球，③太阳，④~⑧行星，⑨恒星（因此，像我们图中那样沿直线排列纯粹是示意性的，它永远不会出现）。还有第10个球体，或者至少是第10个天体，即“对地”（antichthon），目前还不太清楚它在中心火方面是与地球永久结合还是对抗（图中画出了这两种选择）。无论如何，地球、中心火、“对地”被认为总是在一条直线上——自然，因为“对地”从未被看到，它是一个无偿的发明。它可能是为了神圣的数字“10”而发明的，但也被认为是当太阳和月亮在靠近地平线的相反位置都能看到时发生的月食的原因。这是可能的，因为由于大气中光线的折射，我们看到一颗星星落下时，它实际上已经在地平线以下几分钟了。由于不知道这一点，这种日食可能很难理解，这就导致了需要发明“对地”，以及假设不仅是月球，还有太阳、行星和恒星都被中心火照亮，月食是由地球或“对地”的阴影在中心火的光芒中产生的。

乍一看，这个模型显得如此荒谬，似乎不值得对它进行任何思考。但让我们仔细思考一下，并记住当时的认知状况，对地球和轨道的尺寸一无所知。当时地球上已知的部分，即地中海地区，实际上确实在24小时内围绕一个看不见的中心转了一圈，它总是转向同一侧，这正是所有天体共同的快速昼夜运动的原因，认识到它只是一种视运动，这本身就是一项伟大的成就。关于地球运动的错误之处——除了自转之外，它还被分配了一个相同周期的旋转——错误在于旋转的周期和中心。这些错误，尽管在我们看来很粗糙，但与地球被分配到行星之一的角色这一引人注目的认识相比，就像太阳和月球及我们称之为行星的五颗行星一样，并不重要。这是一个令人钦佩的自我解放的壮举，因为人们从认为人类及其住所必须位于宇宙的中心——迈向正确观点的第一步，它将我们的地球降为宇宙中某个星系中的一颗行星。众所周知，当这一步在公元前 280 年前后由萨摩斯的阿里斯塔克斯（Aristarchus）迈出后，人类不久便重蹈覆辙，偏见再现，延续到 19 世纪初，至少在某些方面官方的说法是如此。

人们可能会问为什么要发明这种中心火。只用可见的太阳和月亮解释那些特殊的日食是不够的。[①] 月亮没有自己的光，而是由另一个光源照亮的，这是早期的知识。现在，天空中最令人印象深刻的两个现象，太阳和月亮，在它们的昼夜运动、形状和大小上都非常相似；之所以大小和形状相似是由于月亮离我们的距离比太阳近得多。这必然会促使人们把两者放在同样的位置上，把关于月球的已知信息转移到太阳上，从而认为它们都是由同一个源头照亮的，这就是假设的中心火。但是，由于中心火没有被看到，因此除了把它放在“我们的脚下”，被我们自己的星球挡

① 顺便说一下，不确定这样的日食是否被观测到过。

住视线，没有其他地方可以安放它。

这个模型，尽管可能是错误地被归于菲洛劳斯（公元前 5 世纪下半叶）。看一看该模型的进一步发展就会发现，即使是在关于完美和简单的先入为主的偏见下犯下的严重错误，也可以是相对无害的。不，这种假设越是武断和毫无根据，它的思想危害就越小，因为经验会更快地消除它。正如有人说过的，一个错误的理论总比没有好。

在目前情况下，首先是迦太基商人延伸到“赫拉克勒斯之柱”（pillars of Hercules）之外的旅行，稍后是亚历山大对印度的远征，没有披露任何关于中心火或“对地”的信息，也没有披露地球在地中海文化范围之外变得不那么适合居住。因此，这一切都不得不被放弃。随着虚构的中心（中心火）的消失，很自然地放弃了地球周日运转的观念，取而代之的是围绕其自身轴线的纯粹自转。在决定“地球自转新学说”应归功于谁的问题上，古代哲学史家们存在分歧。有人说是最年轻的毕达哥拉斯学派信徒之一的埃克菲图斯（Ecphantus），其他人则倾向于把他看作赫拉克利德·庞提库斯［Heraclides Ponticus，黑海上的赫拉克拉人（Heraclea），曾在柏拉图和亚里士多德的学校学习］对话中的一个人物，并把这个“新学说”（顺便说一下，亚里士多德提到过这个学说但反对）归于赫拉克利德。但也许应该强调的是，不存在新学说的问题，地球的旋转已经包含在菲洛劳斯的体系中：一个围绕中心旋转并始终朝向中心转动的物体——就像月球相对于地球那样——不能说没有旋转，而是自转的周期与它的公转周期完全相等。这不是一个复杂的科学描述，月球（和其他类似的）的周期相等也不是一个偶然的巧合，它是由于月球上先前存在的海洋或大气覆盖物中的潮汐摩擦力。①

正如我们在上面所说的，菲洛劳斯的体系认为地球相对于中心火进行相同周期的自转和公转。放弃公转并不等同于发现自转，因为自转已经被发现了。我们更倾向于称这是在错误的方向上迈出的一步，因为公转是存在的，尽管是围绕另一个中心。

但是，上述与后来的毕达哥拉斯学派有密切联系的赫拉克利德，也因此应当受到称赞，似乎正是他朝着认识到实际情况方面迈出的最重要一步。人们已经注意到，行星、水星和金星亮度的显著变化，赫拉克利德正确地将它们归因于它们与地球的距离变化。因此，它们不可能围绕着地球做圆周运动，另一个事实是，在它们的主要或平均运动中，它们追随着太阳的轨迹，这可能有助于促使人们正确地认识到这两颗行星无论如何都是围绕着太阳运动的。类似的考虑很快就会用于火星，它也表现出相当大的亮度变化。最终，众所周知，萨摩斯的阿里斯塔克斯建立了日心系统（约公元前280年），比菲洛劳斯只晚了一个半世纪。它的合理性没有得到很多人的认可，大约又过

---

① 地球上的潮汐摩擦力对其自转有（非常缓慢的）阻滞作用。对月球的反应必然是（非常缓慢地）从地球上退下来，同时月球的旋转周期也相应增加。由此，人们倾向于得出这样的结论：即使是现在，也必须有一些微弱的因素在起作用，以保持月球的两个周期完全相等。

了 150 年，它被希帕索斯（Hippasus）的权威所推翻，他被称为“亚历山大大学校长”。

这是一个惊人的事实，对今天清醒的科学家来说，这并不令人感到不安，毕达哥拉斯学派带着他们对美和简单的所有偏见和先入为主的想法，在理解宇宙结构方面取得了有效的进展，至少在这个重要的方向上，比爱奥尼亚清醒的“自然哲学家”（physiologoi）更好，我们将在下文中谈到这些“自然哲学家”，比在精神上继承他们的原子论者更好。出于很快就会明白的原因，科学家们非常倾向于把爱奥尼亚人，尤其是原子论者德谟克利特视为他们的精神先驱，即使是德谟克利特也坚持平坦的、手鼓形的地球的想法，这种想法由伊壁鸠鲁（Epicurus）在原子论者中延续下来，并一直持续到公元前 1 世纪的诗人卢克莱修（Lucretius）。

出于对毕达哥拉斯学派毫无根据的怪异幻觉和傲慢的神秘主义的厌恶，促使像德谟克利特这样清晰的思想家拒绝他们所有给人以任意的、人为虚构的印象的学说。然而，他们在早期关于振动弦的简单声学实验中训练出来的观察力，一定使他们能够透过偏见的迷雾，认识到一些非常接近真理的东西，从而成为“日心说”迅速产生的一个良好基础。遗憾的是，在亚历山大学派的影响下，它同样被迅速抛弃了，他们认为自己是清醒的科学家，没有偏见，只以事实为指导。

在这个简短的介绍中，我没有提到克罗顿的阿尔克迈翁（Alcmaeon of Crotón）的解剖学和生理学发现，他是与毕达哥拉斯同时代的年轻人，他发现了主要的感觉神经，他认为大脑是对应于心灵活动的核心器官。到那时为止——尽管有了他的发现，在之后很长一段时间里——心脏、横膈膜和呼吸，被认为与思想或灵魂有关，这一点可以从用来比喻它们的表述中得到验证，这些隐喻的遗迹在所有现代语言中都可以找到。

但就我们目前的目的而言，这就足够了。读者可以很容易地在其他地方找到关于古代医学成就更多有价值的信息。

第四章
爱奥尼亚的启蒙运动

现在转向通常被归类在米利都学派（Milesian School）名下的哲学家［泰勒斯、阿那克西曼德（Anaximander）、阿那克西美尼（Anaximenes）］，以及在下一章中，一些或多或少与他们有关的哲学家［赫拉克利特（Heraclitus）、色诺芬尼（Xenophanes）］，然后是原子论者［勒西普斯（Leucippus）、德谟克利特（Democritus）］。我指出两点，首先，前一章的顺序不是按时间顺序排列的，三个爱奥尼亚"自然哲学家"（泰勒斯、阿那克西曼德、阿那克西美尼）的鼎盛时期大约分别为公元前 585 年、前 565 年、前 545 年，而毕达哥拉斯则为公元前 532 年；其次，我想指出这个群体在目前背景下扮演的双重角色。

他们是一个具有明确的科学观和目标的团体，就像毕达哥拉斯学派一样，但在第二章中解释的"理性与感觉"观点与他们相反。他们认为世界是由我们的感官提供给我们的，并试图做出解释，像常人那样不为理性的戒律而烦恼，他们的思维方式直接来源于常人的思维方式。事实上，他们经常从手工艺的问题或类比开始，为航海、绘图、三角测量等实际应用服务。另一方面，让我提醒读者注意，我们的主要问题是找出当今科学的特殊性和有点人为的特征，这些特征被（贡佩茨、伯内特）认为源自希腊哲学。我们将提出并讨论两个这样的特征，即假设世界可以被理解，以及将（理解者，即认识的主体）人从将要构建的理性世界图景中排除的简化临时性策略。第一种肯定是源于爱奥尼亚的三个“自然哲学家”，或者如果你愿意的话，源于泰勒斯。第二种，对主体的排除，已经成为一种根深蒂固的旧习惯，它成为任何试图形成客观世界图景的尝试中所固有的，如爱奥尼亚人所做的。人们很少意识到这种排除是一种特殊的策略，以至试图在物质世界图景中以灵魂的形式追踪主体，不管是由特别精细、易变和移动的物质所构成，还是由相互作用的幽灵般的物质所构成。这些朴素的构造经过几个世纪的流传，今天远未灭绝。虽然我们不能把“排除”作为一个有明确商定的阶段（它可能从来就不会如此），但我们确实在赫拉克利特（鼎盛期在公元前500年左右）的残篇中发现了他意识到这一点的显著证据。而我们在第二章末尾引用的德谟克利特的残篇显示，他担心他的世界原子论模型缺乏所有的主观品质，即感官数据，而这正是他所了解并建立的。

被称为爱奥尼亚启蒙的运动开始于公元前6世纪，在这个了不起的世纪，远东地区也开始了具有巨大影响的精神思潮，与佛陀乔达摩（约生于公元前560年）、老子和年轻些的孔子（生于公元前551年）的名字有关。爱奥尼亚学派的兴起，表面上是无中生有，在被称为爱奥尼亚的狭窄边缘地带，小亚细亚的西海岸和它前面的岛屿，当时有着特别有利的地理和历史条件，无以言表的适宜，特别有利于自由、清醒、智慧思想的发展。这里我想提三点。

第一，该地区（如毕达哥拉斯时代的意大利南部）不属于一个对自由思想怀有敌意的强大的国家或帝国。它在政治上由许多小型、自治和富裕的城邦或岛屿国家组成，这些城邦或国家，或是共和国或是暴政。无论哪种情况，它们似乎都是由最聪明的人统治或治理的，这在任何时候都是一个相当特殊的事件。

第二，爱奥尼亚人居住在岛屿和大陆的破碎海岸，是一个航海民族，来往于东西方之间。他们繁荣的贸易为小亚细亚、腓尼基和埃及的海岸与希腊、意大利南部和法国南部的海岸之间的货物交换提供了媒介，商贸交流在过去和现在都是思想交流的主要载体。由于这种交流首先并非发生在学者、诗人或哲学教师之间，而是水手和商人，所以交流必然是从实际问题开始的。制造设备、手工业的新技术、运输工具、航海辅助工具、布置港口、建立码头和仓库、供水方法等，都是一个民族首先从另一个民族那里学到的东西。技术技能的迅速发展，是一个聪明的民族在这种重要的过程中不断迭代的，它激起了理论思想家的思维，他们经常被要求帮助实施一些新学的艺术。如果他们把自己应用于有关世界的物理结构的抽象问题，他们整个思维方式就会显示出它开始时实际来源的痕迹，这正是我们在爱奥尼亚哲学家身上发现的。

作为第三个有利的条件，有人指出，简而言之，这些群体不受祭司的统治。不像巴比伦和埃及那样，有一个世袭的特权祭司种姓，如果他们自己是统治者，通常会反对新思想的发展，因为他们本能地感觉到，任何观点的改变最终都可能对自己及其特权不利，这就是有利于独立思想新时代在爱奥尼亚崛起的条件。

许多小学生或青年学生可能在教科书或其他图书中读到过对泰勒斯、阿那克西曼德等人的简述。当读到一个人如何教导一切是水，另一个人如何教导一切是空气，第三个人如何教导一切是火，以及了解到诸如带有窗户的火热通道（天体）、大气层上下的气流等奇怪的想法时，他很可能感到无聊，并想知道为什么要求他对这些荒诞的古老东西感兴趣，而我们知道这些东西完全不重要了。那么，当时在思想史上发生的大事是什么？是什么让我们把这个事件称为科学的诞生，并把米利都的泰勒斯说成是世界上第一位科学家（伯内特语）？

告知这些人的宏伟理念是，他们周围的世界是可以理解的，只要人们花点心思正确地观察它；它不是神灵和鬼魂的游乐场，他们或多或少地任意行动，被激情、愤怒、爱和复仇的欲望所驱使，发泄他们的仇恨，并可以通过虔诚的祭品进行祭祀。这些人已经从迷信中解脱出来，他们不愿意接受这一切，他们把世界看成是一个相当复杂的机械装置，按照永恒的固有法则行事，他们很想找出这些法则，当然，这也是科学的基本态度。对我们来说，它已经变得如此自然，以至我们忘记了必须有人去发现它，使它成为一个可以实施的方案。好奇心是一种刺激，科学家的第一个要求就是要有好奇心，他必须有能力感到惊奇，渴望发现。柏拉图、亚里士多德和伊壁鸠鲁都强调好奇心的重要性。当它指的是关于整个世界的一般问题时，这并不是微不足道的，因为我们只有一个世界，我们无法将它与其他世界进行比较。

我们把这称为第一步，这一步是最重要的，完全不考虑实际提供的解释是否充分。我相信，说它是一个完全的新事物是正确的。当然，巴比伦人和埃及人知道很多关于天体轨道的规律，特别是关于日食、月食的规律性。但他们把它们看作是宗教秘密，而不是寻求自然解释，他们当然也不会考虑用这种规律性来详尽地描述这个世界。在荷马的诗歌中，诸神对自然事件的不断干预，以及《伊利亚特》中所描述的令人厌恶的人祭，都说明了上述的一般情况。但要认识到爱奥尼亚人在首次创造真正的科学观方面的杰出发现，我们不需要将他们与之前的那些人进行对比。爱奥尼亚人在根除迷信方面的成就如此之小，以至在以后的所有时间里，直到我们自己的时代，没有一个时代不充满了迷信。在这一点上，我指的不是大众信仰，而是即使是真正的伟人，如阿瑟·叔本华、奥利弗·洛奇（Oliver Lodge）、莱纳·玛丽亚·里尔克（Rainer Maria Rilke）等人摇摆不定的态度。爱奥尼亚人的态度与原子论者（留基伯、德谟克利特、伊壁鸠鲁、卢克莱修）在亚历山大的科学学派那里继续存在，尽管方式不同，不幸的是，自然哲学和科学研究在公元前最后 3 个世纪分离了，就像在现代一样。在此之后，科学观逐渐消亡，当时在我们这个时代的前几个世纪，世界对伦理学和奇怪的形而上学越来越感兴趣，而对科学不屑一顾，直到 17 世纪，科学观才重新恢复活力。

第二步，几乎同样重要，也可以追溯到泰勒斯。这就是认识到，世界上所有的物质，在其无限的多样性中，都有如此多的共同点，以至它在本质上必须是同一种东西。我们完全可以把这称为普鲁斯特（Proust）在萌芽阶段的假说。这是理解世界的第一步，从而实现了我们所说的第一步，即相信世界可以被理解。从我们现在的观点来看，这一步触及了最基本的一点，而且极为恰当。泰勒斯大胆地将水视为基本的东西，但我们最好不要天真地将他所说的水与我们的 H_2O 联系起来，而应该与一般的液体或流体联系起来。他可能观察到，所有的生命似乎都起源于液体或湿润的地方。

在认为最熟悉的液体（水）是万物组成的一种材料时，他含蓄地断言，聚集物的物理状态（固体、液体、气体）是次要的，不是很重要。我们不能指望他像一个现代人那样，只是说：我们只需给它起个名字，叫它“物质”，然后研究它的特性，就可以很满意了。一个新的发现通常会被夸大，并且经常被表述为一个假设，其中有太多的细节，而这些细节后来都被磨掉了。这来自我们强烈的“发现”欲望，来自科学好奇心的冲动，正如我们上面所说的，这对于发现任何东西都是至关重要的。有一个相当有趣的细节，被一些汇编者看作是泰勒斯的观点，即土地像“一块木头”一样漂浮在水面上，这一定意味着它有相当一部分被浸入水中。这一方面让人想起古老的神话，说德洛斯岛反复无常，直到莱托（Leto）在那里生下了双胞胎阿波罗（Apollo）和阿耳忒弥斯（Artemis），但这令人惊讶地与现代的异位理论相似。根据这一理论，大陆确实漂浮在一种液体上，虽然不完全是在海洋的水上，而是在它们下面更重的熔融物质上。

事实上，泰勒斯在形成他的一般假设时的“夸张”或“轻率”，很快就被他的弟子和伙伴阿那克西曼德纠正了，他比泰勒斯年轻大约 20 岁。他否认普遍的世界物质与任何已知的东西相同，并为它发明了一个名字，称它为“无定”。在古代，对这个有趣的术语有很多争论，好像它只是一个新发明的名字，我将不再赘述，而是要通过指明我称之为第三步重大发展来追述基本物理学思想的走向，这要归功于阿那克西曼德的助手和弟子阿那克西美尼，他大约比阿那克西曼德年轻 20 岁（大约死于公元前 526 年）。阿那克西美尼认识到，物质最明显的转化是“稀释和凝聚”，他明确认为，每一种物质都可以在适当的情况下转变为固态、液态或气态。作为基本物质，他选择了空气。事实上，如果他说的是“游离的氢气”（很难指望他这么说），他就会离我们现在的观点不太远。

他说，无论如何，较轻的物体（即火和大气层顶部较轻、较纯的元素）由空气通过进一步稀释而形成，而雾、云、水和固体地球则是由连续凝结产生的。这些论断在当时的知识和概念范围内，是充分和正确的，请注意，这并不是一个只有微小物体积变化的问题。在从普通气态过渡到固态或液态的过程中，密度增加了一两千倍。例如，1 立方英寸（1 英寸为 25.4 毫米）的水蒸气在大气压力下凝结时，会缩小成一滴直径略大于 1/10 英寸的水。阿那克西美尼认为液态水甚至坚固的固体石头都是由基本的气体物质凝结而成的（尽管它似乎就是泰勒斯的相反观点），这个观点既大胆又与我们现在的观点更接近。因为我们确实认为气体处于最简单、最原始、“非聚集”的状态，从这种状态出发，通过在气体中从属作用媒介的介入，形成了相对复杂的液体和固体。阿那克西美尼并没有沉溺于抽象的幻想，而是急于将他的理论应用于具体事实，这可以从他在某些情况下惊人正确的洞察力中看出。因此，他告诉我们，关于冰雹和雪（两者都由固态的水组成，即冰）的区别，冰雹是在从云中落下的水（即雨滴）结成的，而雪则是潮湿的云层本身变成固态的结果。

一本现代的气象学教科书，会告诉你几乎相同的内容。顺便说一句，阿那克西美尼说，星星不会给我们带来热量，因为它们离我们太远了。

关于稀释 – 凝聚理论最重要的一点是，它是通往原子论的基础，而原子论实际上很快就跟在它后面。我们熟悉连续体的概念，或者我们认为自己是熟悉的，我们却并不熟悉这个概念给头脑带来的巨大困难，除非我们研究过非常现代的数学［狄利克雷（Dirichlet）、戴德金（Dedekind）、康托尔（Cantor）］。

希腊人遇到了这些困难，也充分意识到了这些困难，并被它们深深地震撼了。这可以从他们的尴尬中看出，因为发现“没有数字”对应于边长为 1 的正方形的对角线（我们说是$\sqrt{2}$），这可以从芝诺（Zeno）关于阿基里斯追龟和飞箭的著名悖论，以及其他一些关于沙子的悖论中看出，也可以从反复出现的关于是否由点组成线的问题（如果是，那么由多少个点构成）中看出。我们（那些不是数学家的人）已经学会了回避这些困难，但却没有学会如何在这一点上理解希腊人的思想。我认为这主要是由于十进制记数法，在我们上学时的某个时候，我们不得不囫囵吞枣地学习：我们可以考虑数字无穷大的十进制小数，即使数字在简单循环时，这样一个小数也不能表示一个数。我们早些时候就知道，相当简单的数字，例如 1/7，没有有限的十进制小数与之对应，而是对应一个无限循环小数：

$$1/7 = 0142857 \mid 142857 \mid 142857 \mid \cdots$$

这种情况与以下情况有很大差别，

$$\sqrt{2} = 1.4142135624\cdots$$

无论我们选择什么“基底”[①] 代替传统的 10，$\sqrt{2}$都会保留它的特点。而如果取“基底”为 7，1/7 对应的“七位制小数”为

$$1/7 = 0.1$$

不管怎么说，我们学完这些东西之后，我们觉得现在有能力为 0 和 1 之间直线上的任何点赋予一个明确的数字，或者是在 0 和无穷之间，或者在负无穷和正无穷之间，如果在上面标记一个 0 点，我们感到自己可以控制这个连续体。

此外，我们知道橡皮筋可以在很大的范围内被拉伸，儿童吹起气球时，气球的表面也是一个被拉伸的橡胶表面。不难想象，

① 2 的平方根以七进制小数来表示，即为 1.2620346 ⋯

我们可以用一个固体橡胶体做类似的事情，因此，可以构造形状、体积会发生较大变化物质的连续模型，尽管在 19 世纪确实有不少物理学家这样做时发现了很多困难。

由于刚才提到的原因，希腊人没有这种便利。他们以物体是由离散粒子组成的方式来解释体积的变化，但这些粒子本身并没有变化，而是相互退却或靠近，在它们之间留下或多或少的空隙。这就是他们的，也是我们的原子论。

这似乎是一个缺陷——缺乏关于连续体的知识——恰好将他们引向了正确的道路。50 年前，人们仍然可以接受这个结论，尽管它本身是不可能的。

1900 年由普朗克发现的作用量子所开启的现代物理学的新阶段，指向了相反的方向。在接受希腊人的普通物质的原子论的同时，我们似乎仍然不适当地利用了我们对连续体的概念，我们曾将这一概念用于能量：但普朗克的工作使我们怀疑这样做是否恰当。

我们仍然把它用于空间和时间，抽象几何学中需要它，但它很可能被证明不适合于物理空间和时间。米利都学派对物理思想的发展就是这样，我认为这是他们对西方思想最重要的贡献。

关于他们的一个众所周知的说法是，他们认为所有物质都是活的。亚里士多德在谈到灵魂时告诉我们，有些人认为灵魂与“整体”混合在一起，泰勒斯认为一切都充满了神灵；他把一些运动的力量归于灵魂，甚至说石头也有灵魂，因为它能使铁移动。当然，这是指磁石。这和琥珀通过摩擦生电时被赋予的类似特性被认为是泰勒斯把灵魂甚至归于无生命（无灵魂）的理由。

另外，据说他把上帝视为宇宙的智慧（或思想），认为整个宇宙是有生命的（被赋予灵魂），充满神性。米利都学派的“物活论者”（hylozoists）这一名称是后来的古人发明的，以表明他们在这一点上的观点，这在当时一定显得相当奇怪和幼稚。因为柏拉图和亚里士多德规定了有生命的和无生命的明确区别：有生命的是会自己运动的东西，例如人、猫、鸟或太阳、月亮和行星，一些现代观点接近于物活论者的意思和感受。叔本华把他的“意志”的基本概念扩展到万物上，他把意志赋予落石和生长中的植物，以及动物和人的自发运动（他认为有意识的认知和智力是一种次要的、附属的现象，这种观点在这里并不值得争论）。心理生理学家 G. Th. 费希纳（G. Th. Fechner）在他的闲暇时间里，提出了关于植物、行星、行星系的“灵魂”的概念，这些想法读起来很有趣，其目的是传达更多的东西，而不仅仅是令人愉悦的白日梦。最后，让我引用查尔斯·谢灵顿（Charles Sherrington）1937—1938 年的吉福德讲座（Gifford Lectures 1937—1938）中的话，该讲座于1940年以《人的本性》（*Man on his Nature*）为题出版，其中对物质事件的物理（能量）方面，特别是生命体的行为进行了讨论，并指出我们目前观点的历史地位来总结。

“……在中世纪，以及在中世纪之后……和亚里士多德之前一样，存在着有生命和无生命之间分界的困难。今天的方案清楚地说明了为什么会有这种困难，并消除了它。两者之间没有边界。[①] 如果泰勒斯能读到这段话，他会说：‘这正是我在亚里士多德之前两百年所持的观点’。”

有机物和无机物形成不可分割的结合的想法，在米利都学派那里并不是一个毫无结果的哲学声明，例如，在叔本华那里，他的主要错误是他反对（或者说忽视）进化，尽管在拉马克（Lamarck）的版本中，生物进化在他的时代已经确立，并对一些当代哲学家产生了巨大的影响。在米利都学派中，人们立即得出了结果，认为生命必须以某种方式起源于无生命的物质，而且显然是以一种渐进的方式。我们在上面提到，泰勒斯决定将水作为原始物质，可能是因为他自以为目睹了生命自发地起源于湿润或潮湿的地方，在这一点上，他当然是错误的。但他的弟子阿那克西曼德在思考生物的起源和发展时，得出了非常正确的结论，而且是通过非常正确的观察和推理得出的。从新生的陆地动物，包括人类婴儿刚出生的无助中，他得出结论，这不可能是生命的最早形式。然而，鱼类通常不会对它们产下的后代给予进一步关注，它们的幼鱼必须独自生活，而且——我们可以补充说——它们更容易生存，因为重力在水中被抵消了。因此，生命一定是从水中产生的，我们自己的祖先就是鱼类。所有这些都与现代研究结果惊人地吻合，而且在本质上是合理的，以至人们对其加入的浪漫细节感到遗憾。某些鱼类，也许是一种鲨鱼，被认为与我们

① 第 1 版，第 302 页。

之前所说的相反，特别温柔地哺育它们的孩子，实际上是把后代留在自己的子宫里，直到它们处于一个完全能够养活自己的阶段。据阿那克西曼德认为，这样一种爱孩子的鱼是我们的祖先，我们在它们的子宫里发育，直到我们能够登上陆地并在那里生存一段时间。阅读这个浪漫而不合逻辑的故事，人们不禁想起，我们的大多数报告，如果不是全部的话，都是由那些衷心反对阿那克西曼德理论的作家写的，而这个理论曾被伟大的柏拉图出于不公平的目的嘲笑过，因此，他们几乎不愿意接受并理解它。也许阿那克西曼德非常一贯地指出了鱼类和陆地动物之间的一个过渡阶段，即两栖动物（青蛙所属的类别），它们在水中产卵，在水中开始生活，然后经过相当大的蜕变，来到陆地上生活一段时间。有人认为，一条鱼逐渐发展成一个人，这太可笑了，他可以很容易地把这个故事歪曲成“解释性”故事，使人在鱼的体内成长。这与苏格拉底－柏拉图学派用来自娱自乐的关于自然博物史的其他浪漫小说有些相似。

第五章
色诺芬尼的宗教　以弗所的赫拉克利特

我想在本章中讲述的这两位伟人有一个共同点，那就是他们都给你留下了独行者的印象——孤独而深刻的原创思想家，受到他人的影响，却不受任何“流派”的约束。色诺芬尼最可能的生活时期是公元前565年后的那个世纪，在他92岁时，他描述自己在过去的67年里在希腊各国［当然包括大希腊（Magna Graecia）］流浪。他是一位诗人，他流传下来的精美诗篇的残篇让人深感遗憾，他和恩培多克勒及巴门尼德的六步格诗和挽歌大多丢失了，而《伊利亚特》战歌却被保留了下来。

即便如此，在我看来，所有这些哲学诗句中现存的内容将成为比《阿基里斯之怒》更有趣、更有价值、更适合我们学校阅读的主题（想想它是关于什么的吧）。[①] 根据维拉莫维茨（Wilamowitz）的说法，色诺芬尼“持有地球上唯一真正的一神论”。

① 我不希望有人推断，我认为《伊利亚特》仅仅是一首战歌，它的遗失不会让人深感惋惜。

就是色诺芬尼在公元前6世纪发现并正确解释了意大利南部岩石中的化石！我想在此引用他的一些著名残篇，让我们了解那个时期先进的思想家对宗教和迷信的态度。为了给科学的世界观留出空间，首先要清除宙斯打雷闪电的想法，以及阿波罗制造瘟疫以泄愤怒的想法，等等。

色诺芬尼说（残篇11）[①]，荷马和赫西奥德把凡人之间的羞耻和耻辱、欺骗、偷窃和通奸及巧妙地相互欺骗等所有事情都归于神灵。色诺芬尼还说（残篇14），凡人认为神灵是像他们一样被生出来的，有像他们一样的衣服、声音和容貌。

让我停下来问一下：一般的希腊民众怎么能接受如此低级的神灵观念？

我想对普通民众来说，这并不低级。相反，这证明了诸神的力量、自由和独立，诸神被允许做一些我们会因此被指责的事情，因为我们只是可怜的小凡人。他们按照他们中伟大的、富有的、强大的和有影响力的人的形象，来塑造他们的诸神，这些人很可能在当时和现在一样有能力逃避法律，沉溺于犯罪和可耻的行为，仅仅凭借他们的权力和财富。

在一些残篇中，色诺芬尼废黜了诸神，嘲笑他们显然只是人类想象的产物。

（残篇15）是的，如果牛或马或狮子有手，能用手作画，像人一样产生艺术作品，马会把神的形状画得像马，牛会把

① 残篇的编号自始至终遵循狄尔斯的第一版。

神的形状画得像牛，并按照各自的样子制作身体。

（残篇 16）埃塞俄比亚人认为他们的神的皮肤是黑色的，有高高的鼻子；色雷斯人说他们的神是蓝眼睛，红头发。

然后是几个简短的残篇，给了我们色诺芬尼自己关于神的想法——显然这里的神是单数的。

（残篇 23）一个神，是诸神和人中最伟大的，既不像凡人的形状，也不像凡人的思想。

（残篇 24）他看遍了，想遍了，听遍了。

（残篇 25）但他不劳而获，以他的心思支配万物。

（残篇 26）他常住在自己的地方，一动也不动，也不适合到这里来，到那里去也不适合他。

然后是他给我印象深刻的不可知论。

（残篇 34）从来没有也不会有一个人对诸神和我说的所有事情有确切的了解。即使他有机会说出完全的真理，但他自己也不知道是这样的，这一切不过是偶然的意见而已。

让我们来看看年代稍晚的思想家：以弗所的赫拉克利特。他略微年轻一些（大约在公元前 500 年左右），可能不是色诺芬尼的弟子，但熟悉他的著作，并受到他和老爱奥尼亚人的影响。他在古代已经被认为是“晦涩的”，我敢说，由于这个原因，他被斯多葛学派的创始人芝诺和塞内加（Seneca）等后来学派所利用。

现存的几个残篇就证明了这一点，他的物理世界图景的细节并不令人感兴趣，思想的总体趋势是爱奥尼亚式的启蒙，带有强烈的不可知论色彩，类似色诺芬尼。一些典型的说法如下：

> （残篇 30）这个世界，对我们所有人来说都是一样的，没有一个神或人创造了它；它过去、现在和将来都永远是一团永恒的火，一部分燃烧起来，一部分熄灭。
>
> （残篇 27）人死后会有一些他们不曾期待或梦想的事情在等待着。

作为晦涩难懂的残篇的一个例子（译自伯内特）：

> （残篇 26）人在夜间为自己点燃一盏灯，这时他已经死亡，但还活着。睡着的人，他的视力已经熄灭，就从死人身上点起；醒着的人，就从睡人身上点起。

在我看来，一组残篇指向了非常深刻的认识论见解，即既然所有的知识都基于感官知觉，那么这些知觉必须是先验的，具有同等价值，无论它们是发生在清醒、梦境还是幻觉中，无论是否发生在一个心智健全的人身上。造成差异并使我们能够从它们中建立起一个可靠的世界图景的原因是，这个世界可以被如此构建，以便对我们所有人，或者说对所有清醒的、理智的人来说是共同的（你不要忘记，在当时，把梦中的幽灵当作真实的东西更为常见，希腊神话中充满了这种东西）。这些残篇是：

（残篇 2）因此，有必要遵循那个共同的东西。但是，理性是共有常见的，大多数人却自以为是地生活着，就像他们自己有见识一样。

（残篇 73）我们不能像睡觉的人那样行事和说话。因为那时（在我们的睡眠中）我们也自以为是地行事和说话。

还有：

（残篇 114）那些以健全心态说话的人，必须坚守所有人共同的东西，就像一个城邦坚守她的法律一样，甚至武装得更强大；然而人的一切法律都是依靠那唯一的神圣法律养育的，因为它从心所欲地统治着，满足一切，战胜一切。

（残篇 89）醒着的人有一个共同的世界，但睡着的人却各自转入自己的世界。

让我印象特别深刻的是，他非常强调要坚守共同的东西，以逃避精神错乱，逃避成为“白痴”（idiot，来自希腊语的 idios，意为私人的、自己的）。他不是一个社会主义者——很有可能是一个贵族，也许是一个“法西斯主义者”。

我相信这种解释是正确的。我在任何地方都找不到像他这样的人对这种“共同”的合理解释。他曾经说过这样的话：一个天才的人比一万个普通人还重要，所有美好的事物都是由冲突和斗争带来的。

总而言之，我认为其含义是，我们从我们的感觉和经验一部分重叠的事实中，形成了对我们周围真实世界的想法，这个重叠的部分就是真实世界。

我认为，一般来说，在人类对世界思考的最早记录中，偶尔发现非常深刻的哲学思想，人们不应该感到特别惊讶；发现形成或掌握这些思想，需要我们如今付出一些抽象的努力和劳动。人们可能认为，人类思想的这一萌芽期，形象地说是“离自然更近”，对世界的理性描绘还没有达到，对“我们周围的真实世界”的构建还没有实现。无论如何，在许多民族的古老宗教著作中，我们确实有许多这种早期深刻思想的例子，比如印度人、犹太人、波斯人等。

在比较这些早期深刻的哲学意识时期，我不禁想起伟大的梵文学家和有趣的哲学家 P. 德森（P. Deussen）的一句话，他说：“我非常遗憾的是，儿童在他们生命的头两年不能说话，否则，他们可能也会谈论康德哲学。”

第六章
原子论者

隶属于留基伯和德谟克利特（生于公元前 460 年左右）名字的古代原子论，是否是现代原子论的真正先驱？这个问题经常被问及，关于它的回答也是五花八门。贡佩茨、库尔诺（Cournot）、伯特兰·罗素（Bertrand Russell）、约翰·伯内特（John Burnet）回答“是”；本杰明·法灵顿说“是的，在某种程度上两者有很多共同点”；查尔斯·谢灵顿说“不”，他指出古代原子论的纯粹定性特征，以及它的基本思想，体现在“原子”一词中（不可切割或不可分割），使这个名字本身成为一个错误的名称。我不知道这种否定的回答是否曾在一位古典学者的口中出现过，当它来自一位科学家时，他总是通过一些评论表明，他认为化学而不是物理学，是原子和分子概念的固有领域。他提到道尔顿（Dalton，生于 1766 年）的名字，却省略了伽桑狄（Gassendi，生于 1592 年）的名字。他是在研究了伊壁鸠鲁（约生于公元前 341 年）现存相当丰富的著作之后才发现的，伊壁鸠鲁接受了德谟克利特的理论，其中只有很少的原始残篇流传到我们这里。值得注意的是，在化学领域，在拉瓦锡（Lavoisier）和道尔顿的发现之后，出现了一个由威廉·奥斯特瓦尔德（Wilhelm Ostwald）领导、得到恩斯特·马赫观点支持的强大运动（“唯能论者”），该运动在19世纪末出现，支持放弃原子论。

有人说，化学中是不需要原子论的，原子论应该作为一个未经证实和无法证明的假说而被放弃。关于古代原子论的起源及它与现代理论的联系的问题，远远超出了纯粹历史兴趣的范围，我们将回到这个问题上。首先，我将简要地指出德谟克利特观点的主要特点。

（1）原子小得不可思议。它们都是同样的东西或具有同样的性质，形状和大小都不同，这就是原子唯一的特征属性。因为它们是不可穿透的，通过直接接触相互作用、推动和转动，因此，相同和不同种类的原子以最不同的形式聚集和交错，产生了无穷无尽的物质体，正如我们所观察到的那样。在它们多方面的相互作用中，它们外面的空间是虚空的——这种观点对我们来说似乎很自然，但在古代却引起了无限的争议，因为许多哲学家得出结论，即不存在的东西（is not）不可能存在（be），也就是说虚空不可能存在！

（2）原子处于永久的运动中，我们可以认为这种运动被认为是不规则或无序地分布在各个方向上，因为如果原子要处于永久的运动中，甚至在静止或缓慢运动的物体中也是如此，那就没有别的办法可想。德谟克利特明确指出，在虚空的空间里，没有上面和下面，前面或后面，没有任何方向的特权——虚空的空间是各向同性的。

（3）它们的持续运动本身是持续的，它不会静止，这被认为是理所当然的。这个通过猜测发现的惯性定律必须被视为一个伟大的壮举，因为它显然与经验相矛盾。又过了 2000 年，伽利略恢复了这一定律，他通过对钟摆和球从斜坡上滚落的实验巧妙地概括而得出这一定律。在德谟克利特时代，这似乎完全不能接受，它给亚里士多德造成了很大麻烦，他只把天体的圆周运动视为一种自然运动，可以无限期地持续下去而不发生变化。用现代术语来说，我们应该说原子具有惯性质量，正是惯性质量使原子在虚空的空间中继续运动，并将其传给它们所撞击的其他原子。

（4）重量或重力并没有被认为是原子的原始属性。它本身被解释为一种巧妙的方式，即通过一种普遍的漩涡运动，使较大的、质量较高的原子倾向于旋转速度较小的中心，较轻的原子因此被从中心推离或抛向天空。读了这段描述，人们会联想起离心机中发生的情况，当然，这恰恰相反，特别是较重的物体被向外推，较轻的物体则趋向于中心。另外，如果德谟克利特能够为自己泡一杯茶，用勺子搅动它，他就会发现茶叶聚集在杯子的中心，这是一个来说明他的漩涡理论很好的例子（这方面的真实情况又恰恰相反，漩涡在中间比在外围强，因为外围被杯壁阻挡了）。最让我吃惊的是，人们会认为，这种重力是由持续的漩涡引起的，会自动暗示一个球形对称的世界模型，因此地球是一个球形的形状。但事实并非如此，德谟克利特非常坚持着自己手鼓形式的观点，他继续将天体的日常旋转视为真实的，并让手鼓的地球居于一个气垫之上。也许他对毕达哥拉斯学派和埃利亚特学派的愚蠢言论非常反感，也不愿接受他们的任何东西。

（5）但在我看来，该理论遭受的最严重的失败，是由于它延伸到了灵魂，使它在这么多世纪里成为“睡美人”；灵魂被认为是由物质原子组成的，特别是具有极高流动性的精细原子，可能散布于整个身体并控制身体的功能，这是很可悲的，因为它遭到随后几个世纪中最优秀和最深刻思想家的厌恶。我们必须小心，不要把德谟克利特看得太重了，对于理论有深刻理解的这么一个人也存在粗心大意的时候，我将在下文中证明他对知识理论的深刻理解。德谟克利特继承并沿着原子论的路线实现了古老的错误观念，直到今天还牢牢地植根在语言中，即灵魂是呼吸，所有关于灵魂的古老词汇最初都是指“气”或“呼吸”：foxy、spiritus。这呼吸既然是气，而气是由原子组成的，所以灵魂也是由原子组成的，这是一条通往中心形而上学问题的可以宽恕的捷径，这个问题直到今天还没有解决——请看查尔斯·谢灵顿的《人的本性》中的精彩讨论。

这有一个可怕的后果，数千年来令思想家感到困扰，至今变化不大。只要任何时刻原子的后续运动都是由其目前的位置和运动状态唯一决定的，那么，由原子和虚空组成的世界模型便实现了“自然是可以理解的”这一基本假定。这样一来，在任何时刻达到的状态都必然会产生下一个状态，而这个状态又会产生下一个状态，如此循环下去。整个过程从一开始就被严格决定了，因此我们看不出它如何会包括我们自己在内的生命体的行为，因为我们意识到能够在很大程度上，通过我们心灵的自由决定选择我们身体的运动。如果这个心灵或灵魂本身是由以同样的必然方式运动的原子组成的，那么似乎就没有伦理或道德行为的空间了。我们被物理学定律所迫，每时每刻都在做我们所做的事情，考虑它是对还是错有什么好处？如果自然律压倒道德律并使之无效，那么道德律的空间在哪里呢？

和2300年前一样，这个矛盾仍然没有得到解决，但我们能够把德谟克利特的假设分解为一个非常可信和非常荒谬的组成部分。他承认：

（a）一个生命体内所有原子的行为是由自然界的物理定律决定的；

（b）它们中的一些原子构成了我们所说的心灵或灵魂。

我认为德谟克利特的功劳很大，他坚定不移地坚持（a），尽管这意味着一个矛盾，不管有没有（b）。事实上，如果你承认（a），你的身体的运动是预先确定的，你就无法解释你随意移动身体的感觉，不管你对心灵怎么想。

真正荒谬的特征是（b）。

不幸的是，德谟克利特的继承者伊壁鸠鲁和他的弟子们发现，他们的心灵不够强大，无法面对这个矛盾，于是放弃了可信赖的假设（a），坚持荒谬的错误（b）。

德谟克利特和伊壁鸠鲁两人之间的区别在于，德谟克利特仍然谦虚地意识到他自己的无知，而伊壁鸠鲁则非常肯定地认为他自己几乎无所不知。

伊壁鸠鲁在这个体系中又额外添加了另一条谬论，他的所有追随者，当然包括卢克莱修·卡鲁斯，都自觉地响应了这个谬论。伊壁鸠鲁是一个最纯粹的感觉主义者，当感官给我们提供确凿的证据时，我们必须遵循它。在它们没有提供证据的地方，我们被允许做出任何合理的假设，来解释我们所看到的东西。遗憾的是，他把太阳、月亮和星星的大小也列入了感官给我们提供：确凿的、不可辩驳的证据的事物。特别是在谈到太阳时，他认为（a）它的周长是清晰的，而不是模糊的；（b）我们感觉到它的炽热。他进一步论证说，如果一个地界的一团大火离我们足够近，使我们能够清楚地辨别它的轮廓并感受到它的炽热，那么我们也能辨别它的实际大小，“我们看到的它，就像它一样大”！结论是：太阳（以及月亮和星星）就像我们看到的那样大，既不大也不小。

当然，主要的谬论是“像我们看到的那样大”的表述，即使是现代语言学家，也没有被这个毫无意义的表达方式所震撼，而令人惊讶的只是因为伊壁鸠鲁认可这一点。他没有区分角度大小和长度——他生活在雅典，比泰勒斯晚了近三个世纪，而泰勒斯像我们一样用三角测量法测量船只的距离（见图 4）。

但让我们从表面上理解他的话，他是什么意思呢？那么，我们看到的太阳有多大呢？如果它和我们看到的一样大，那么它离我们有多远呢？

角度大小为 1/2 度，由此你可以很容易地得出，如果它在 10 英里以外，它的直径大约是 1/10 英里或 500 英尺。我想任何人都不会认为太阳给人的直接印象甚至像大教堂一样大。但是，如果把太阳的尺寸变为 10 倍或 15 倍的大小，它的直径将达到 1.5 英里，而距离将达到 150 英里。这将意味着，当你早上在雅典看到东方地平线上的太阳时，它实际上是从小亚细亚海岸升起的。想一想吧：

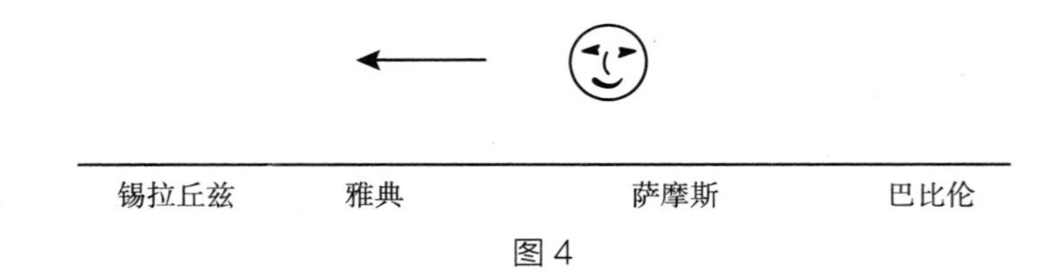

图 4

伊壁鸠鲁认为太阳水平通过了地中海上空吗？以他对角尺寸的无知，这是很有可能的。

无论如何，我认为这表明在德谟克利特之后，物理学的色彩被那些对科学没有真正兴趣的哲学家所消除，而且他们作为哲学家所具有的巨大影响力受到了损害，尽管在亚历山大和其他地方正在进行着出色的专业工作。这些工作对广大民众的态度没有什么影响，甚至包括像西塞罗（Cicero）、塞内加（Seneca）或普鲁塔克（Plutarch）这样的人。

现在让我们回到本章开始时提出的历史问题，我说过，这些问题的意义远不止于历史，我们在这里面对的是思想史上最迷人的案例之一。令人惊讶之处在于，从把原子论引入现代科学的伽桑狄和笛卡尔的生平和著作中，我们知道，作为一个实际的历史事实，他们在这样做的时候，很清楚要接受他们曾认真研究过的这些古代哲学家的理论。

此外，更重要的是，如果我们采用自然哲学家的标准，而不是专家的缺乏远见的观点，那么古代理论的所有基本特征，全都保存在现代理论中，虽然得到了极大加强和详述，但并没有改变。另外，我们知道，现代物理学家为支持这些基本特征，而提出的广泛的实验证据，那个时候的德谟克利特和伽桑狄都一无所知。

每当这种事情发生时，人们不得不设想两种可能性。第一种是，早期的思想家们做了一个幸运的猜测，后来证明是正确的。第二种是，有关的思维模式并不像现代思想家认为的那样，完全基于最近发现的证据，而是基于之前已知的更简单的事实，以及人类智力的先验结构，或者至少是自然倾向。如果第二种选择的可能性能够被证明，那么它就是最重要的。当然，即使它是确定的，它也不需要促使我们放弃这个想法——在我们的例子中是原子论——作为我们头脑中的一个纯粹的虚构。但它会让我们更深入地了解我们思想图景的起源和本性，如果可能的话，这些考虑促使我们找出，古代哲学家是如何构想出关于不可改变的原子和虚空的概念的？

据我所知，并没有现存的证据能够指导我们。今天，如果我们陈述我们自己或他人的科学信念时，我们觉得有必要补充说明我们或他们为什么持有这些信念。仅仅说某个人相信这个或那个，而没有任何动机，对我们来说似乎毫无意义。这在古代并不是一种很普遍的做法，特别是所谓的希腊哲学家意见汇编者（doxographoi）通常会很满足地告诉我们，例如“德谟克利特会……”。但在我们现在的语境中值得注意的是，德谟克利特本人认为他的洞察力是一种理智的创造。这可以从下面全文引用的残篇 125 看出，也可以从他对获得知识的两种途径（即真理的和黑暗的）的区分中看出（残篇 11）。所谓黑暗的途径即是感官，当我们试图洞察小的空间区域时，感官带给我们失望。这时，基于精致的思维器官而获取真正知识的方法就会帮助我们，这主要是指原子论，这是显而易见的，尽管在现存的残篇中没有明确提到。

那么，是什么引导了他精密的思维器官，从而产生了原子的概念？

德谟克利特对几何学有着浓厚的兴趣，而不是像柏拉图那样仅仅是一个爱好者；他是一个杰出的几何学家。一个金字塔或圆锥体的体积是其底和高的乘积的三分之一，这个定理是他的功劳。对于了解微积分的人来说，也是很平常的事，但我见过一些优秀的数学家，他们在记住他们学生时代所学的基本证明时都有一些困难。

德谟克利特如果不是在某一步使用了微积分的替代品，就很难得出这个定理［小学生也是如此，即卡瓦列里（Cavalieri）原理，至少在奥地利是如此］，德谟克利特对无限小数的意义和困难有深刻的洞察力。这可以通过一个有趣的悖论来证明，他在思考这个证明时显然遇到了这个悖论。让一个圆锥体被一个平行于其底部的平面切成两半，在两部分（上面的小圆锥体和下面剩余的圆锥体）上切开后产生的两个圆是相等还是不相等？如果不相等，那么，由于这对任何这样的切割都是成立的，圆锥体的侧表面就不会是光滑的，而是锯齿状；如果你说相等，那么出于同样的原因，这岂不是意味着所有这些平行部分都是相等的，从而意味着圆锥体是一个圆柱体？

从这一点及另外两份手稿的现存标题（“论意见差异或论圆和球体的接触”“论无理的线和实体”）中，人们得到的印象是，他最终明确区分了两种东西：一方面是具有明确属性的体、面或线（如金字塔、方形面或圆线）的几何概念，另一方面是这些概念在物理体上的或多或少的不完美实现。（一个世纪后，柏拉图把第一类概念算作他的“理念”；不，我认为它们是柏拉图理念的原型；于是，这件事与形而上学混为一谈了。）

现在结合以下事实思考这一点：德谟克利特不仅知道爱奥尼亚哲学家的观点，而且可以说是继承了他们的传统；此外，他们中的最后一位——阿纳克西美尼，正如我们在第四章所说的，与我们的现代观点完全一致，认为在物质中观察到的所有重大变化只是表面的，实际上是由于“稀释和凝聚”。

但是，如果实际上它的每一点，无论多么小，都变得稀薄或压缩，那么说材料本身保持不变，这有意义吗？

几何学家德谟克利特能够很好地构思这种“无论多么小”的情况。显而易见的方法是把任何物理体看作是由无数的小物体组成的，这些小物体始终保持不变，而当它们相互退却时就会变得稀薄，当它们更紧密地挤在一起形成一个小体积时就会凝结。为了让它们在一定范围内做到这一点，必须要求它们之间的空间是虚空的，也就是说，根本不包含任何东西。同时，纯几何陈述的完整性可以通过将矛盾和挑战从几何概念转移到其不完美的物理来实现。一个真正的圆锥体或任何真正的物体的表面实际上是不光滑的，因为它是由原子的顶层形成的，因此布满了小孔，在它们之间有突出的部分。普罗泰戈拉（他提出了这种挑战）可能也说过，一个真正的球体靠在一个真正的平面上，不是只有一个接触点，而是有一整个“接近”接触的小区域。所有这些都不会妨碍纯几何学的精确性。

这就是德谟克利特的观点，可以从辛普利修斯（Simplicius）的一句话中推断出来，他告诉我们，根据德谟克利特的说法，他的物理上不可分割的原子在数学意义上是可以无限分割的。

在过去的 50 年中，我们已经获得了离散粒子真实存在的实验证据。有一系列最有趣的观察结果，我们无法在这里进行总结，而 19 世纪末的原子论者在他们最不羁的梦中都没有预见到。我们可以亲眼看到单个基本粒子在威尔逊云室和照相感光乳剂中的路径的直线痕迹。我们有仪器（盖革计数器），它对进入仪器的单个宇宙射线粒子做出响应并发出“咔嗒”声；此外，后者可能被设计成每发出一次“咔嗒”声，一个普通的计数表就记录一个，这样它就能计算出在一定时间内到达的粒子的数量。用不同的方法和在不同的条件下进行的这种计数是完全一致的，与早在这种直接证据出现之前形成的原子论一致。从德谟克利特到道尔顿（Dalton）、麦克斯韦（Maxwell）和玻尔兹曼（Boltzmann）的原子学家们，会因为这些对他们的信仰的有力证明而陷入狂喜之中。

但与此同时，现代原子论也陷入了危机。毫无疑问，简单的粒子理论太天真了。从上述对其起源的猜测来看，这并不完全太令人吃惊。如果这些都是正确的，那么原子论就是作为克服数学连续体困难的武器而被打造出来的，正如我们所看到的，德谟克利特充分意识到了这一点。对他来说，原子论是弥合物理学的真实物体和纯数学的理想化几何形状之间鸿沟的一种手段，但不仅是对德谟克利特而言。在某种程度上，原子论在其漫长的历史中一直执行着这一任务，即促进我们对可触摸的身体进行思考的任务。一块物质在我们的思维中被分解成无数个巨大而又有限的成分，我们可以想象我们可以数清楚它们的个数，而我们却无法说出一条 1 厘米长的直线上有多少个点。在我们的思想中，我们可以计算物质在一定时间内相互影响的数量，当氢气和氯气结合成盐酸时，我们可以在头脑中把这两种原子配对起来，并认为每一对原子都结合成一个新的小物体，即化合物的分子。这种计算，这种配对，这种整个思维方式在发现最重要的物理定理方面发挥了突出的作用。在物质是一个连续的无结构胶状物的方面，这似乎是不可能的，因此，原子论已被证明是卓有成效的。然而，人们对它想得越多，就越不禁要问，它在多大程度上是一个真正的理论。它是否真的完全建立在“我们周围的真实世界”的实际客观结构之上？它是否在一个重要方面受到人类理解的性质的制约（康德称之为“先验”）？我相信，我们有责任对个别单一粒子存在的明显证据保持极其开放的心态，而不损害我们对那些提供了这些知识财富的天才实验者的深深敬佩。他们每天都在丰富这些知识，从而帮助我们扭转这一可悲的事实，即我们对这些知识的理论理解，我敢说，几乎以同样的速度在减少。

在本章的最后，让我引用德谟克利特的一些不可知论者和怀疑论者的残篇，这些残篇给我留下了最深刻的印象。译文出自西里尔·贝利（Cyril Bailey）。

（残篇6）一个人必须在这个原则下学习，他与真理相去甚远。

（残篇7）我们对任何事情都不了解，但对我们每个人来说，他的意见是一种流入（即由外界“影像”流入传达给他）。

（残篇8）要真正了解每件事情是什么，是一个不确定的问题。

（残篇9）事实上，我们没有准确地知道什么，只是根据我们的身体，以及进入它和影响它的东西的倾向来认识事物的变化。

（残篇117）我们没有真正知道什么，因为真理隐藏在深处。

以下是著名的理智和感官之间的对话。

（残篇 125）

（理智：）甜是按惯例，苦是按惯例，热是按惯例，冷是按惯例，颜色是按惯例；事实上，只有原子和虚空。

（感官：）可悲的心灵，你要从我们身上获取你要推翻我们的证据？你的胜利就是你自己的堕落。

第七章
什么是特殊特征？

现在，让我最后来回答一开始就提出的问题。

请记住伯内特序言中的几句话：科学是希腊的发明，除了在受希腊影响的民族中，科学从来没有存在过。

在同一本书的后面，他说："泰勒斯是米利都学派的创始人，因此也是科学的第一人。"① 贡佩茨说（我广泛地引用了他的话），我们的整个现代思维方式是以希腊思维为基础的。因此，它是一些特殊的东西，是经过许多世纪的历史性发展的东西，而不是一般的、唯一可能的关于自然的思维方式。他非常强调我们应该认识到这一点，认识到这种特殊性可能会把我们从它们几乎不可抗拒的魔力中解放出来。

那么这种特殊性是什么？我们的科学世界图景有哪些奇特的、特殊的特征？

在这些基本特征中，有一点是毫无疑问的，这就是关于"自

① 《早期希腊哲学》，第 40 页。

然界的展示可以被理解的”假设。我已经多次谈到了这一点，这是一种非唯灵论的、非迷信的、非魔幻的观点，关于它还可以说很多。在这种情况下，我们必须讨论这样的问题：可理解性的真正含义是什么，以及在什么意义上（如果有的话），科学能够给予解释？大卫·休谟（David Hume，1711—1776）的发现是：因果之间的关系是无法直接观察到的，它只阐明了规律性的继承——这一基本的认识论发现导致物理学家古斯塔夫·基尔霍夫（Gustav Kirchhoff，1824—1887）和恩斯特·马赫（Ernst Mach，1838—1916）以及其他人认为，自然科学不提供任何解释，而只能对观察的事实进行完整和（马赫）客观的描述，并且只能以此为目标。这种观点，以哲学实证主义的更详尽的形式，被现代物理学家热情地接受了。它有很大的一致性，反驳它并不是不可能，但也很难，因为它比唯心主义要合理得多。虽然这种实证主义观点表面上与“自然的可理解性”相抵触，但它肯定不是回到过去迷信和魔法的观点；恰恰相反，它从物理学中驱逐了力的概念，而“力的概念”是万物有灵论在物理学中最危险的残余。

实证主义是一种有益的解毒剂，可以防止科学家们轻率地认为他们已经理解了某种现象，而实际上他们只是通过描述事实而掌握了这些现象。我认为，即使从实证主义者的观点来看，也不应该宣布科学无法给出解释。因为即使是真的（如他们所坚持的那样），原则上我们只是观察和记录事实，并把它们进行整理，我们在各种不同的知识领域的发现之间，存在着事实关系，而且这些发现与最基本的一般概念（如自然整数 1，2，3，4…）之间存在着如此引人注目和有趣的关系，对于我们最终掌握和记录它们，理解一词似乎非常合适。在我看来，最突出的例子是热力学理论，它相当于对热力学理论做了纯数字的还原，同样，我把达尔文的进化论称为我们获得真正洞察力的一个例子。同样，基于孟德尔（Mendel）和德·弗里斯（de Vries）的发现，遗传学也可以这样说，而在物理学中，量子理论已经达到了一个有希望的前景，但还没有达到完全可理解的程度，尽管它在许多方面是成功和有益的，甚至在一般的遗传学和生物学上也是如此。

然而，我认为还有第二个特征，这个特征还没有那么清楚，很少公开显示出来，但同样具有根本的重要性。这个特征就是，科学在试图描述和理解自然时，对非常困难的问题进行了简化处理。科学家下意识地，几乎是不经意地简化了他理解自然的问题，因为他忽略了或从将要构建的图景中剔除了他自己及其个性，即认知的主体。

无意中，思考者又回到了外部观察者的角色，这在很大程度上有益于任务的完成。但是，当人们没有意识到这种最初的放弃，试图在画面中找到自己，或者把自己、自己的思维和感觉的头脑放回图景中时，它就会留下空白，留下巨大的空白，导致矛盾和反常的现象。

这个重要的步骤是把自己排除在世界图景之外，退回到一个与整个表现无关的观察者的位置上——获得了其他的名称，使之看起来相当无害、自然、不可避免。

这可能被称为客观化，即把世界看成一个对象。当你这样做的时候，你实际上已经把自己排除在外了。一个经常使用的说法是“假设我们周围有一个真实世界”（Hypothèse der realen Aussenwelt）！为什么，只有傻瓜才会放弃这一假设！非常正确，只有傻瓜。

尽管如此，它是我们理解自然的方式的一个明确特征，而且它是有后果的。

我在古希腊文字中能找到这种思想最清晰的痕迹，是我们之前一直在讨论和分析的赫拉克利特的那些残篇。

因为我们正在构建的“共同的世界”正是赫拉克利特所谓的“共同的世界”，我们正在把世界假设为一个对象，假设我们周围有一个真实的世界（正如流行的说法）由我们若干意识的重叠部分组成。而在这样做的时候，每个人都随意地把自己——认识的主体，说“我思故我在”（cogito ergo sum）的东西——从世界中排除出去，把自己从世界中移到一个外部观察者的位置，他自己并不参与其中。“我在”（sum）变成了“它在”（est）。

真的是这样吗？一定是这样吗？为什么是这样呢？因为我们没有意识到这一点。我现在就说说我们为什么不知道，首先让我说说为什么是这样。

“我们周围的真实世界”和“我们自己”，即我们的心灵，是由相同的材料组成的，两者就像由相同的砖块组成的一样，只是以不同的顺序排列——感官感知、记忆图像、想象力、心灵。当然，这需要一些反思，但人们很容易陷入这样一个事实：物质是由这些元素组成的，而不是别的。此外，随着科学、自然知识的发展，想象力和心灵的作用越来越大（相对于粗略的感官知觉）。

实际发生的情况就是这样的，我们可以认为这些——让我称它们为元素——要么构成心灵，包括每个人自己的心灵，要么构成物质世界。但我们不能，或者说只能非常困难地同时思考这两件事，为了从心灵方面进入物质方面，或者反过来说，我们必须把这些元素拆开，然后以完全不同的顺序重新组合起来。例如（举例并不容易，但我会尝试）此刻我的心灵是由我周围的所有感觉构成的：我自己的身体，你们都坐在我面前，非常友好地听我说话，我面前的备忘录，以及最重要的是，我想向你们解释的想法，把它们适当地编成文字。但现在设想一下我们周围的任何一个物体，例如我的手臂，作为一个物体，它不仅由我自己对它的直接感觉组成，而且由我在转动它、移动它、从各个不同角度看它时想象出来的感觉组成；此外，它还由我想象的你对它的感知组成，而且，如果你从纯粹科学角度考虑，对它做出切割，以说服自己相信它的内在性质和组成，那它也是由你们所能证实和实际发现的东西所构成的。在我把这只手臂说成是“我们周围的真实世界”的一个客观特征时，我和你所有潜在观念和感觉是无法列举完的。

下面这个比喻不是很好，但它是我能想到的最好的比喻：给一个孩子一盒精致的积木，大小、形状和颜色各不相同，他可以用这些积木建造房屋、塔楼、教堂或长城等，但他不能同时建造两座建筑物，因为至少有一部分积木是他在每种情况下都需要的相同积木。

这就是为什么我相信，当我构建我周围的真实世界时，我实际上是排除了我的心灵，而我并没有意识到这种割裂，然后我非常惊讶地发现，我周围真实世界的科学图景是非常不足的。

它提供了大量的事实信息，把我们所有的经验放在一个非常一致的顺序中，但它对真正接近我们内心的、对我们真正重要的所有事情却可怕地保持沉默。它不能告诉我们关于红色和蓝色、苦味和甜味、身体的痛苦和身体的快乐的任何信息，它对美与丑、好与坏、上帝与永恒一无所知。科学有时会假装回答这些领域的问题，但答案往往是如此愚蠢，以至我们不愿意认真对待它们。

简而言之，我们不属于科学为我们构建的这个物质世界。我们不在其中，我们在外面，我们只是旁观者。我们之所以相信我们在其中，相信我们属于这个画面，是因为我们的身体在画面中，我们的身体属于它，不仅是我自己的身体，还有我的朋友的身体，还有我的狗、猫和马，以及所有其他的人和动物，而这是我与他们沟通的唯一手段。

此外，在这个物质世界中发生的一些更有趣的变化（运动等）都蕴含着我的身体，这使我觉得自己是这些变化的部分制造者。但随后就出现了僵局，这个非常尴尬的科学发现是我不需要作为制造者。在科学的世界图景中，所有这些发生的事情都能各行其是，它们被直接的能量相互作用充分地解释了。甚至人体的运动也如谢灵顿所说“是它自己的”，科学的世界图景保证了对所有发生的事情有一个非常完整的理解——只是使它有点太容易理解了。它允许你把整个世界的表现都显示成机械钟表的行为，就科学所知，机械钟表可以像这样继续下去，而不存在与之相关的意识、意志、努力、痛苦、快乐和责任——尽管它们实际上是这样。

而造成这种令人不安的情况的原因就在于，为了构建外部世界的图景，我们使用了极大的简化手段，把我们自己的人格排除出去了，去掉了；因此它消失了，似乎是不需要了。

特别重要的是，这就是为什么科学世界观本身不包含伦理价值和美学价值，对我们自己的最终领域或目标只字不提，也不包含上帝（如果你愿意的话）的原因。我从哪里来，又要到哪里去?

科学无法告诉我们，为什么音乐会让我们感到愉悦，为什么一首老歌会让我们感动得流泪。

我们相信，在后一种情况下，科学原则上可以全面详细地描述，从压缩和扩张的波到达我们的耳朵，到某些腺体分泌出咸味的液体从我们的眼睛涌出，在此期间我们的感觉中枢和"运动中枢"中发生的一切。但是，对于伴随着这一过程的快乐和悲伤的情感，科学是完全无知的，只好沉默。

当涉及伟大的统一性（the great Unity）——巴门尼德的"一"（the One of Parmenides）——我们都以某种方式成为其中的一部分，我们属于其中时，科学也是沉默不语的。在我们这个时代，它的流行名字是上帝，而科学通常会被贴上无神论的标签。在我们说了这些之后，这并不令人惊讶。

如果它的世界图景甚至不包含蓝、黄、苦、甜、美、快乐和悲伤，如果人格也被排除在外，它怎么会包含呈现给人类心灵的最崇高的理念呢？

世界是巨大的、宏伟的、美丽的，我对这个世界中事件的科学认识涉及数亿年的时间。然而，从另一个角度看，它表面上包含在我可怜的几十年寿命中。与无法测量的时间相比，甚至在我已经学会测量和评估的有限亿万年中，我的寿命有如沧海一粟。我从哪里来，到哪里去？这是一个深不可测的问题，对我们每个人来说都一样。科学对它没有答案，但科学代表了我们在安全和无可争议的知识方面所能达到的最高水平。

然而，我们人类的历史最多只持续了大约 50 万年。

根据我们所知道的，我们可以预计，即使在这个特定的地球上，人类仍然会延续几百万年。

这一切使我们感到，我们在这段时间内获得的任何思想都不会是徒劳的。

第二部分

科学与人文主义

科学与人文主义

我们时代的物理学

献给我 30 年来的同伴

序言

1950年2月，在都柏林大学学院都柏林高级研究所的赞助下，我以“作为人文主义组成部分的科学”为题做了四次公开演讲。无论是这个标题还是这里选择的缩略标题都没有完全涵盖整个演讲，而只是演讲的一部分。在其余部分，从第11页开始，我打算描述20世纪物理学的现状，因为它在20世纪逐渐发展起来，按照标题和前面内容为例进行描述，说明我是如何看待科学事业的：科学是人类为了掌握人类处境所做的一部分努力。

感谢剑桥大学出版社使这本书得以快速出版，感谢都柏林研究所的玛丽·休斯顿小姐对文字与插图的设计和校对。

E. S.，1951年3月

科学对精神生活的影响

科学研究的价值是什么？每个人都知道，在我们这个时代，要想对科学的发展做出真正的贡献，人们就必须专业：这意味着要加强努力，在某一狭窄的领域内学习所有已知的知识，然后通过自己的工作（研究、实验和思考），努力增加这些知识。

从事这种专业的活动，人们有时自然会停下来思考它有什么用处。

在一个狭窄的领域内推广知识本身有任何价值吗？一门科学的所有分支（比如物理学、化学、植物学或动物学）的成就总和本身有什么价值吗？甚至也许是所有科学成就的总和，它有什么价值？

许多人，特别是那些对科学不感兴趣的人，倾向于通过指出科学成就在改变技术、工业、工程等方面的实际变化来回答这个问题，事实上，在不到两个世纪的时间里，我们的整个生活方式都发生了变化，而且预计在未来的时间里会发生进一步甚至更快的变化。

很少有科学家会同意这种对他们工作的功利主义评价。当然，价值问题是最微妙的问题，要提供无可争议的论据是不可能的。但是，我将针对这种观点给出三个主要论据。

首先，我认为自然科学与我们的大学和其他知识进步中心培养的其他类型的学问——或者用德语表达的 Wissenschaft——在很大程度上是一样的。考虑一下历史学、语言学、哲学、地理学或音乐史、绘画史、雕塑史、建筑史或考古学和史前史的学习或研究，没有人愿意把这些活动与人类社会状况的实际进步联系起来，并以此作为自己的主要目标，尽管这些活动确实经常会促进社会进步。我看不出科学在这方面有什么不同的地位。

其次（这是我的第二个论点），有些自然科学显然对人类社会的生活没有实际影响，比如天体物理学、宇宙学和地球物理学的某些分支。以地震学为例，我们对地震有足够的了解，知道预知地震的可能性很小，即事先告知人们离开住所，就像风暴来临之前通知拖网渔船返回一样。地震学所能做的就是警告未来定居在某些危险区域的人，但是，即使没有科学的帮助，这些地区恐怕也已经因为惨痛的经历而为人所知了。但这些地区往往人口密集，因为人类对肥沃土地的需求正变得越来越迫切。

最后，我认为，人类的幸福是否因快速发展的自然科学所带来的技术和工业发展而得到提高，这是非常值得怀疑的。我不能在这里谈细节，我也不会谈论未来的发展——地球表面被人工放射性所感染，给我们的种族带来可怕的后果，这是由奥尔德斯·赫胥黎（Aldous Huxley）在他极为有趣的小说《猿和本质》（*Ape and Essence*）中描述的。这里，我们只考虑通过奇妙的现代交通手段对世界进行“距离的缩小”，如果不是以英里为单位，而是以最快的交通工具的时间来衡量的话，所有的距离都几乎缩小为零。

但是，哪怕用最便宜的交通工具的花费来衡量，那么在过去10年或20年里，其费用也已经翻了一两番，结果就是许多家庭和亲密的朋友群体被分散在全球各地，这是前所未有的。许多情况下，他们并不富有，因此无缘再次见面，即使能够再次相见，短暂相聚后也面临着令人心碎的告别。这就是人类的幸福吗？这些只是几个突出的例子，人们可以在这个话题上谈论几个小时。

让我们转向人类活动中不那么阴暗的方面。你可能会问我：那么，在你看来，自然科学的价值是什么？我回答：它的范围、目标和价值与人类知识的任何其他分支相同。而且，只有所有这些的结合，而非单独某一分支，才谈得上范围或价值。这描述起来很简单：服从德尔菲克神的戒令，了解你自己。或者用普罗提诺简短的、令人印象深刻的修辞法来说（《九章集》Ⅵ，4，14）：“而我们，我们到底是谁？”他继续说：“也许在这个宇宙出现之前，我们就已经在那里了，是另一种类型的人类，甚至是某种神，纯粹的灵魂和心灵与整个宇宙结合在一起，是可知世界的一部分，不是分离和切断的，而是与整个世界融为一体。”

我出生在这样一个环境中，我不知道我从哪里来，到哪里去，不知道我是谁。

这是我和你同样的处境，你们每一个人的处境。每个人总是处于这种相同的情况，并将永远如此，这一事实没有告诉我什么。

从哪里来和往何处去是最急迫的问题，但我们所能考察的只有当下的境遇。这就是为什么我们渴望尽可能多地去了解它，这就是科学、学习、知识，这是人类所有精神追求的真正原动力，我们试图尽可能多地了解我们所处的时空环境，因为我们生来就在这个地方。

当我们尝试时，我们很高兴，我们发现它非常有趣。（这不正是我们的目的吗？）

这似乎是不言而喻的，但需要指出的是：一群专家在一个狭窄领域获得的孤立的知识本身是没有任何价值的，只有在与所有其他知识的结合中才有价值，而且只有在这种结合中才真正有助于回答“我们是谁”。

西班牙哲学家何塞·奥尔特加·加塞特（José Ortega y Gasset）在流亡多年后回到了马德里（虽然我相信他既不是社会民主党人也不是法西斯分子，而只是一个深明事理的普通人），在20世纪20年代发表了一系列文章，后来收集在《大众的反抗》（*La rebelión de las masas*）一书中。

顺便说一句，它与社会革命或其他革命没有任何关系，所谓的“反抗”纯粹是比喻。

机器时代导致人口数量和人类的需求上升到前所未有和不可预见的程度，我们每个人的日常生活越来越多地需要与他人打交道。

无论我们需要或渴望什么，一块面包或一磅黄油，一次乘车或一张剧院门票，一个安静的度假胜地或一次出国旅游的机会，一个房间或一份工作……总有很多很多人有同样的需要或渴望。加塞特书中的主题正是由于这种空前高涨的需求所导致的新情况和新发展。

书中包含了极其有趣的观察。

仅举一例（尽管它目前与我们无关），书中有一章的标题是“最大的危险：国家”（El major peligro，el estado）。他在那里宣称，国家在限制个人自由方面日益增长的权力——以保护我们为借口，但远远超出了其必要性——是对未来文化发展的最大威胁。我想在这里说的是前面的一章，它的标题是“专业化的野蛮”（La barbarie del lespecialismo）。

乍一看，这似乎是自相矛盾的，可能会让你震惊。作者大胆地把专业化的科学家描绘成蛮横无知的乌合之众——大众人（hombre masa）——的典型代表，他们危及真正文明的生存。我只能挑选几段话，来看看他对“历史上没有先例的科学家类型”是怎么描述的。

在一个真正受过教育的人应该知道的所有事情中，他只熟悉一门特定的科学，甚至在这门科学中，他只知道他自己从事研究的那一小部分。

他达到了这样的地步：他宣称不关注他自己狭窄领域之外的所有东西是一种美德，并谴责旨在综合所有知识的好奇心是一种不务正业。

> 隐居在狭窄的视野中的他，居然成功地发现了新的事实，促进了他的科学研究（他几乎不知道），并与之一起促进了人类思想的前进——他完全忽略了这一点。这样的事情是如何做到的，又是如何继续做到的？
>
> 因为我们必须大力强调这一不可否认的事实的不正常性：实验科学在相当大的程度上是由那些非常平庸甚至连平庸也算不上的人的工作推动的。

我的引证就到这里，但我强烈建议你们自己继续拿着这本书，在该书首次出版后的20多年里，我注意到与加塞特所谴责的可悲状态相反的希望迹象出现了。并不是说我们可以完全避免专业化，即使我们想这么做，也是不可能的。然而，人们意识到，专业化不是一种美德，而是一种不可避免的难题，这种意识正在逐渐深入人心，所有的专业化研究只有在综合知识的背景下才有真正的价值，指责一个在自己专业训练之外的主题进行思考、发言和写作的人不务正业的声音变得越来越小了。对这种尝试进行猛烈抨击的不外乎两种人：要么是很科学的，要么是很不科学的。在这两种情况下，抨击的原因也都是显而易见的。

在一篇关于“德国大学”的文章中（1949年12月11日发表在《观察家报》上），伊顿中学校长罗伯特·伯利（Robert Birley）从德国大学改革委员会的报告中引用了几句话——非常强调地引用了这几句话，我完全赞同这种强调。这份报告中说了以下内容。

技术大学的每个讲师都应具备以下能力：

（a）看到他本专业的局限性。在他的教学中，使学生意识到这些局限，并向他们表明，在这些限制之外，还有一些力量在发挥作用，这些力量不再是完全理性的，而是源于生活和人类社会本身。

（b）在每一个专业中显示出如何超越其自身狭窄的范围拓展到更广阔的视野，等等。

我不会说这些提法有特殊的独创性，但谁会指望一个委员会或理事会有独创性呢?

集体中的人总是很普通的。

然而，人们很欣喜甚至心怀感激地发现这种态度的盛行。唯一的批评（如果是批评的话）是人们看不出有什么理由把这些要求限制在德国技术大学的教师身上，我相信它们适用于任何大学的任何教师，不，是世界上任何学校的教师。我应该这样提出要求：

永远不要忽视你的特定专业在人类生活悲喜剧的伟大表演中所扮演的角色，要与生活保持联系——与其说是与实际生活保持联系，不如说是与生活的理想背景保持联系，后者要重要得多；并且，让生活与你保持联系。从长远来看，如果你不能告诉大家你一直在做什么，你的工作就没有任何价值。

科学成就倾向于掩盖其真实意义

我认为研究所章程规定我们每年要举办的公开讲座，是我们在小范围内建立和保持这种联系的手段之一。事实上，我认为这是这些讲座的唯一目的，这项任务不是很容易，因为一个人必须有某种背景作为起点，而且，如你所知，无论在哪个国家，科学教育都备受忽视，尽管有一些国家做得好一点。

这是一种代代相传的继承，大多数受过教育的人对科学不感兴趣，也不知道科学知识构成了人类生活理想主义背景的一部分。许多人完全不知道科学到底是什么，他们认为科学的主要任务是发明新机器，或帮助发明新机器，以改善我们的生活条件。他们宁愿把这项任务留给专家，就像他们把修理水管的工作留给水管工一样。如果有这种观点的人决定了我们孩子要学习的课程，其结果必然是像我刚才描述的那样。

当然，这种态度仍然盛行是有历史原因的。科学对生活的理想主义背景的影响一直是巨大的——也许除了中世纪之外，当时科学在欧洲实际上并不存在。但必须承认，即使是在更近的时代也有过一段沉寂，这很容易让人低估了科学的理想主义任务。我认为这种沉寂大约发生在19世纪下半叶，这是一个科学爆炸式发展的时期，与此伴随的是工业和工程也有了惊人的、爆炸式的发展，对人类生活的物质特征产生了巨大影响，以至大多数人都忘记了其他的联系。比这更糟糕的是，惊人的物质发展导致了一种唯物主义观点，据说是来自新的科学发现。我认为，这些事件促使许多人在随后的半个世纪里（这半个世纪即将结束）有意忽视科学。因为学者所持的观点和一般公众所持的观点之间总是有一定的前后时间差，对于这种时间差的平均长度，50年的估计并不过分。

尽管如此，刚刚过去的50年（20世纪上半叶）见证了科学的总体发展，特别是物理学的发展，在改变我们西方人对经常被称为“人类状况”的看法方面是无与伦比的。我毫不怀疑，再过50年左右，普通大众中受教育者才会意识到这种变化。当然，我不是一个理想主义的梦想家，不希望通过几次公开讲座就能大大加快这一进程，但是这个同化的过程也不是自动完成的，我们必须为之付出劳动。在这种劳动中，我承担我的那部分，相信其他人会承担他们的那部分，这是我们人生任务的一部分。

彻底改变我们对物质的看法

我们现在终于要谈一些特别的话题了。如果你认为我前面讲的只是一个引子，那它可能显得长了些，但我希望它本身就有一定的意义，我无法回避它，我必须要把情况说清楚。我可以告诉你们这些新发现没有一个是令人激动的，真正令人激动的、新颖的、革命性的东西是我们在试图综合所有这些发现时不得不采取的一般态度。

让我们直入主题，即物质问题。什么是物质？我们如何在我们的头脑中描绘物质？

这个问题的第一种形式是可笑的。问题的第二种形式已经暴露了整个态度的变化：物质是我们心灵中的意象，因此，心灵先于物质（尽管我的心理过程对物质的某一部分，即我的大脑中的物理数据有奇怪的经验依赖）。在 19 世纪下半叶，物质似乎是我们可以依附的永久事物，物质从来没有被创造过（就物理学家所知），也永远不会被摧毁！你可以抓住它，感觉到它的存在，感觉它不会在你的手指下逐渐消失。

此外，物理学家断言，这种物质的行为和运动受制于严格的定律——每一块物质都是如此。它的运动是根据物质相邻部分对它施加的力量来运动的。

你可以预知行为，它在未来的所有运动都是由初始条件严格地决定的。

不管怎么说，在物理学中，就外部无生命物质的运动而言，这都是相当令人高兴的。当应用于构成我们自己的身体或我们朋友的身体，甚至是我们的猫或狗的身体的物质时，就出现了一个众所周知的困难，那就是生命体显然能够按照自己的意愿移动四肢，我们还会在后面讨论这个问题。

这里我想试着解释一下物质观念在过去半个世纪中发生的根本变化。这种变化是在不经意间逐渐发生的，没有人为这种改变而努力。我们认为自己仍然在旧的“唯物主义”思想框架内活动，而事实证明我们已经离开了它。

我们对物质的观念已经变得比 19 世纪下半叶更少“唯物主义”。这些观念仍然非常不完善，非常朦胧，在各方面都缺乏清晰度，但可以说，物质已经不再是空间中简单可触及的粗糙的东西，你可以在它移动时跟踪它每一部分的运动，并确定其运动所服从的精确定律。

物质是由粒子构成的，粒子之间有比较大的距离，嵌入虚空中。这个概念可以追溯到公元前 5 世纪生活在阿布德拉的留基伯和德谟克利特。这个关于粒子和虚空的概念一直保留至今（其变化正是我现在想解释的事情）——不仅如此，还有完整的历史连续性，也就是说，每当这个想法被重新采纳时，人们都是在充分意识到我们正在采纳古代哲学家的概念。此外，它在实际的实验中经历了可想而知的胜利，这是古代哲学家们在他们最大胆的梦想中难以企及的。例如，斯特恩（O. Stern）通过最简单和最自然的方法成功地确定了银蒸气喷射中原子的速度分布，图 1 给出了一个粗略的示意图。外圈（带有字母 *A*、*B*、*C*）代表一个封闭的圆筒盒子的横截面，该盒子处于完全真空状态。*S* 点标出了一条白炽银线的横截面，它沿着圆柱体的轴线延伸，并不断蒸发银原子，这些银原子沿着直线飞行，大致上是在径向方向。然而，在 *S* 周围同心配置的圆筒防护罩 *Sh*（较小的圆）使原子只能在开口 *O* 处通过，*O* 代表了一个与银线 *S* 平行的狭窄缝隙。

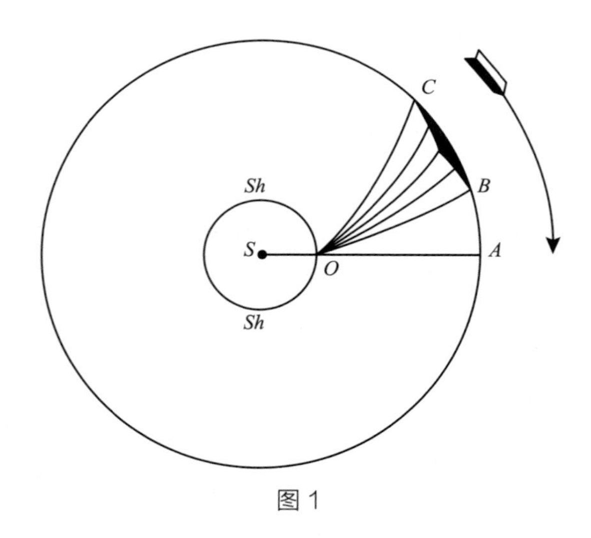

图 1

如果没有其他作用，它们会直接飞到 *A* 处，在那里它们被捕获，并且在一段时间后，形成一条狭窄的黑线形式的沉淀物（与

线 S 和缝隙 O 平行）。但是在斯特恩的实验中，整个仪器就像在陶器轮子上一样，围绕轴 S 高速旋转（旋转方向如箭头所示）。这样做的效果是，飞行的原子——当然不受旋转的影响——不是在 A 处沉淀，而是在 A 的“后面”的点沉淀，越是后面，它们的速度就越慢，因为它们在到达收集面之前会让收集面转过一个更大的角度。因此，最慢的原子在 C 处形成一条线，最快的原子在 B 处形成一条线。通过测量其不同的厚度并考虑仪器的尺寸和旋转速度，我们可以确定原子的实际速度，尤其是以不同速度飞行的原子的相对数量，即所谓的速度分布。我需要解释图中所示的原子路径的扇形扩散和曲率，这两者似乎与我所说的飞行原子不受仪器旋转影响的说法明显矛盾。我擅自画了这些线条，虽然它们不是原子的“实际”路径，但对于参与仪器旋转的观察者（就像我们参与地球的旋转一样）来说，它们的路径似乎应该是这样的。必须明确的是，这些“相对路径”在旋转过程中保持不变，因此，我们可以随心所欲地继续旋转，以形成大量的沉淀物。

这些重要的实验从数量上证实了麦克斯韦的气体理论，而这一理论已经阐述了许多年。今天，更多出色的研究已经使这些实验黯然失色，几乎被人遗忘。

可以观察到，单个快速粒子撞击到荧光屏时会发出微弱的闪光，即闪烁（如果你有一块发光的手表，把它带到一个黑暗的房间里，用一个中等强度的放大镜观察它，你将观察到由单个氦离子即 α 粒子的撞击引起的闪烁）。在威尔逊云室中，你可以观察到 α 粒子、电子、介子等单个粒子的路径，它们的轨迹可以被拍下来，你可以确定它们在磁场中的曲率；宇宙射线粒子通过感光乳剂时在那里产生核分裂，初级和次级粒子（如果像通常那样是带电的）在感光乳剂中可以被清晰看到，因此，当冲洗摄影底片时，这些路径变得可见。

我可以给你更多的例子（但这些就足够了），说明物质粒子结构的旧假说是如何被证实的，它们远远超出了以前几个世纪最敏锐的预期。

更没有想到的是，由于考虑到其他实验和理论，我们对所有这些粒子性质的想法，在同一时间内发生了变化，而且是迅速地发生变化。

德谟克利特和所有沿着他的道路一直走到 19 世纪末的人，尽管他们从来没有追踪过单个原子的效应（而且可能也从来没有过这种期望），但他们仍然相信，原子是个体的、可识别的、小的物体，就像我们环境中的粗糙、可触摸的物体。看起来几乎是可笑的，恰恰是在我们成功追踪单个的、个体的原子和粒子的这几年或几十年里，我们却不得不否定这样的粒子是一个原则上永远保持其“同一性”个体的想法。恰恰相反，我们现在不得不断言，物质最终成分根本就不具有“同一性”。如果你观察到某种类型的粒子，例如电子，这在原则上应被视为一个孤立的事件，即使你在很短时间内，在离第一个粒子很近的地方观察到一个类似的粒子，即使你有充分的理由假设第一个和第二个观察之间有因果关系，断言你在这两次观察到的是同一个粒子，也没有真正的明确意义。真实情况可能是另一番景象，这两次观察使得“同一性”这样的表达是方便和可取的，但这只是一种语言的缩略；因为在其他情况下，“同一性”变得完全没有意义，而且它们之间没有明显的界线和区别，而是有一个中间渐变的过程。我要强调这一点并请求你们相信这一点，这不是一个我们在某些情况下能够确定“同一性”，而在其他情况下不能确定“同一性”的问题。毫无疑问，“同一性”的问题，确实是没有意义的。

形式而非实体，是基本概念

这种情况相当令人不安。你可能会问：如果这些粒子不是个体，那么它们是什么？你可以指出另一种渐变，即从终极粒子到我们环境中可感知物体之间的渐变，我们确实把个体的同一性归于后者。一些粒子构成一个原子，几个原子构成一个分子。分子有各种大小，有小的，有大的，但有一个限制，超过这个限制我们就称之为大分子。

事实上，一个分子的大小没有上限，它可能包含几十万个原子。它可能是一个病毒或一个基因，在显微镜下可以被观察到。最后我们可以观察到，我们环境中任何可触及的物体都是由分子组成的，而分子是由原子组成的，原子是由终极粒子组成的。如果终极粒子缺乏个体性，那么，比如说，我的手表又是如何来的个体性？其界限在哪里？在由非个体组成的物体中，个体性到底是如何产生的？

详细考虑这个问题是有益的，因为它将为我们提供线索，让我们了解粒子或原子到底是什么——尽管缺乏个体性，但粒子或原子之中有什么是永恒的？在我家里的写字台上，有一个铁制的镇纸，形状是一只大丹犬，两只爪子交叉放在前面。很多年前，我在父亲的写字台上看到过它，当时我的鼻子还够不着桌子。许多年后，当我父亲去世时，我带走了这只大丹犬，因为我喜欢它。它陪我去了很多地方，直到 1938 年它留在了格拉茨，当时我不得不匆匆离开。但我的一个朋友知道我喜欢它，便替我保管起来了。3 年前，当我妻子访问奥地利时，她把它带给了我，它又出现在我的书桌上。

我非常肯定这是同一只狗，是 50 多年前我在父亲的书桌上第一次看到的那只狗。但为什么我肯定呢？

很明显，是形式或形状（德语 Gestalt）的特殊性使其同一性变得无可置疑，而不是物质内容。如果材料被熔化并铸成人的形状，其同一性就更难确定。更重要的是，即使材料的同一性被确定无疑，它的意义也会非常有限。

我可能不会很在意那块铁同一与否，而会说我的纪念品已被销毁。我认为这是一个很好的比喻，也许不仅仅是一个比喻，它指出了粒子或原子的真正含义。因为我们可以在这个例子和其他许多例子中看到，在由许多原子组成的可感知的物体中，个体性是如何从其组成的结构中产生的，从形状或形式或组织中产生的，正如我们在其他情况下可以称之为组织。材料的同一性，如果有的话，起着从属的作用。当你说到“同一性”时，你可能会特别清楚地看到这一点，尽管材料肯定已经改变。一个人在离开 20 年后回到了他度过童年的小屋，他发现这个地方没有变化，因而深受感动。同样的小溪流过同样的草地，有他熟悉的矢车菊和柳树，有棕白花奶牛和鸭子，就像以前一样，还有那只牧羊犬友好地叫着向他摇尾巴。

整个地方的形状和组织都保持不变，尽管所提到的许多项目都发生了“材料的变化”，包括我们的旅行者自己的身体！事实上，他小时候的身体在最直白的意义上已经“随风而逝”。消失了，但又没有消失。因为，如果允许我继续我的小说式的快照，我们的旅行者现在将定居下来，结婚并育有一个儿子，他的儿子会和老照片上显示他父亲年轻时的形象相似。

现在让我们回到终极粒子和作为原子或小分子的粒子小组织。关于它们的旧观念是，它们的个体性是基于其中物质的同一性。这似乎是一种无偿的、近乎神秘的补充，与我们刚刚发现的构成宏观体的个体性的东西形成了鲜明的对比，后者完全独立于这种粗糙的唯物主义假说，不需要它的支持。新的想法是，在这些终极粒子或小集合体中永久存在的是它们的形状和组织。日常语言的习惯欺骗了我们，它似乎要求我们无论何时听到“形状”或“形式”这个词的发音时，它必须是某种东西的形状或形式，需要一个物质的基质来呈现出一种形状。科学上，这种习惯可以追溯到亚里士多德所说的“质量因”（causa materialis）和“形式因”（causa formalis）。但是，当你谈到构成物质的最终粒子时，似乎没有必要再把它们想成是由某种材料组成的。它们是纯粹的形状，除了形状什么都不是；在连续的观察中一再出现的是这种形状，而不是单个的物质斑点。

我们的“模型”的本性

当然，这里我们必须把“形状”放在一个比几何形状更广泛的意义上。

事实上，没有任何观察与粒子甚至原子的几何形状有关。诚然，在思考原子时，在设计理论以满足观察到的事实时，我们确实经常在黑板上，或在一张纸上，或更多时候只是在我们的头脑中画出几何图像，图像细节是由数学公式给出的，比铅笔或钢笔能提供的图像更精确和更方便。但是，这些图像中显示的几何形状并不是在真实原子中可以直接观察到的东西。这些图像只是一种帮助思维的工具，一种中介手段，据此可参考已有实验结果对计划进行的新实验做出合理的预期。我们计划这些实验的目的是看它们是否符合预期——验证预期是否合理，以及使用的图像或模型是否恰当充分。请注意，我们更愿意说恰当充分，而不是真实。因为为了使描述能够成为真实的，它必须能够与实际事实直接比较，而我们的模型通常不是这样。

但是，正如我所说，我们确实在使用模型并从中推导出可被观察的特性，正是这些模型构成了物体的永久形状或形式或组织，而且它们通常与“构成物体的微小物质粒子”无关。

以铁原子为例，只要你愿意，其组织的一个非常有趣和高度复杂的部分可以反复显示，并具有不可改变的永久性。把少量的铁（或铁盐）带入电弧中，并拍下它由一个强大的光学光栅产生的光谱，你会发现数以万计的清晰光谱线。也就是说，铁原子在这些高温下发出的光，包含了数以万计的明确波长。而且它们总是一样的，完全一样的，以至众所周知，你可以从一颗恒星光谱中看出它含有某些化学元素。虽然你无法发现任何关于原子的几何形状——即使是用最强大的显微镜——但你能够发现它特有的永久组织，显示在它的光谱中，在几千光年的距离上！

你可能会说，像铁元素这样的典型线谱是一种宏观属性，是灼热蒸气的属性，它与它的粗粒度结构（由单个原子组成）无关，而且从未有人观察到真正孤立的单个原子所发出的光。当然，被接受的物质理论确实将所有这些不同的单色光束的发射，归因于单个原子的几何－机械－电气结构，被认为对应于灼热蒸气中观察到的各个波长。为了证实这一点，物理学家强调，这些线谱只有在稀薄的蒸气状态下才能观察到，在这种状态下，原子之间的距离很远，它们不会相互干扰。

发光的固体或液体铁会发出一个连续的光谱，与相同温度下的其他固体或液体的光谱基本相同——由于相邻原子的相互干扰，清晰的线条完全消失了，或者由于近邻原子相互干扰变得完全模糊了。

那么，我们是否应该把观察到的线状光谱（广义上符合理论）视为间接证据的一部分？我们的理论描述中的铁原子确实存在，并且它们以气体理论所描述的方式构成了蒸气——物质的颗粒（具有发出光谱线的特殊结构）——某物的颗粒，彼此相去甚远，在虚无之中飞来飞去，偶尔与墙壁碰撞，等等。这就是发光的铁蒸气的真实图像吗？

我坚持在更广泛的背景下所说的话：这当然是一幅恰当的图像，但关于它的真实性，恰当的问题不是它是否真实，而是它是否有能力成为真实或虚假的。也许它不是，也许我们所要求的不仅仅是能够以可理解的方式综合已观察到的事实，并对我们正在寻找的新事实给予合理的预期。

很久以前，在整个 19 世纪和 20 世纪初期，有能力的物理学家就一再发表过类似的声明，他们意识到，对清晰图像的渴望必然导致人们会加入许多不必要的细节。可以说，“那些无端添加的内容要想侥幸变成正确的，显然是不可能的”。

玻尔兹曼（L. Boltzmann）极力强调这一点，他说，让我把我的模型明确起来，尽管我知道我不能从永远不完整的实验的间接证据中猜测自然界到底是什么样子，但是，如果没有一个绝对精确的模型，思维本身就会变得不精确，从模型中得出的推论也会变得模糊不清。

然而，除了极少数最重要的哲学家，当时的态度与现在有所不同，当时显得过于幼稚。在断言我们可能设想的任何模型肯定是有缺陷的，并且迟早会被修改的同时，人们仍然幻想着存在一个真正的模型——可以说是存在于柏拉图式的理念世界——我们可以逐渐接近它，但由于人类的不完美，也许永远无法达到它。

现在，这种态度已经被摒弃了，我们所经历的失败不再是指细节，而是一种更普遍性的失败，我们已经完全意识到这种情况，可以概括为以下几点：当我们心灵之眼瞬间观察细微之处时，我们发现自然界的行为与我们在周围可见和可触及物体中观察到的完全不同，以至根据我们宏观经验而形成的模型都不可能是“真实的”，这种令人满意的模型不仅在实践中无法获得，甚至无法想象。或者，更准确地说，我们当然可以想象它，但无论我们怎么想，它都是错误的，也许不像“三角形的圆”那样毫无意义，但比“有翅膀的狮子”更荒谬。

连续描述和因果关系

我将试着在这方面说得更清楚一些，从我们的宏观经验中，从几何学和力学——特别是天体力学——的概念中，物理学家提炼出了一个对任何物理事件的真正清晰和完整的描述必须满足的要求：它应该准确地告诉你在空间的任何时刻发生了什么——当然是在你希望描述的物理事件所覆盖的空间领域和时间段内。我们可以把这种要求称为描述的连续性假设，这种连续性的假设似乎是无法满足的！在图像中存在着就像这样的空隙（见图 2）。

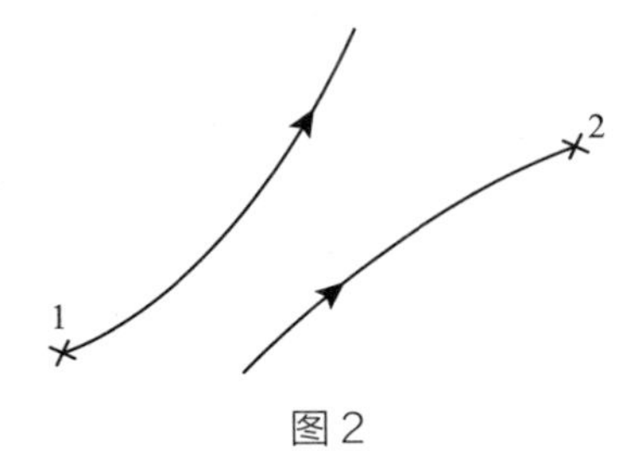

图 2

这与我前面所说的粒子甚至原子的缺乏个体性密切相关，如果我现在在这里观察一个粒子，并在片刻之后在非常接近前者的地方观察一个类似的粒子，我不仅不能确定它是否“相同”，而且这种说法也没有绝对意义。这似乎是很荒谬，因为我们习惯于认为，在两次观察之间的每一个时刻，第一个粒子一定在某个地方，它一定遵循了一条路径，不管我们是否知道。同样地，第二个粒子一定来自某个地方，它在我们第一次观察时存在于某个地方。

因此，从原则上讲，必须能够确定这两条路是否相同，从而决定它是否是同一个粒子。换句话说，按照适用于可触摸物体的思维习惯我们认为可以对粒子进行持续观察，从而确定其同一性。

我们必须摒弃这种思维习惯，我们绝不能承认连续观察的可能性。观察应被看作是不连续的无关的事件，在它们之间存在着我们无法填补的空隙。在有些情况下，如果我们承认连续观察的可能性，就会打乱很多事情。这就是为什么我说最好不要把粒子看作一个永久的实体，而是看作一个瞬间的事件。有时，这些事件会形成链条，给人以永久存在的错觉，但只是在特殊情况下的极短时间内。

让我们回到我之前所作的更一般的表述，即经典物理学家的天真理想无法实现，他要求原则上关于空间中每一时刻每一点的信息至少应该是可以设想的，这种理想的破灭有一个非常重要的后果，因为在这个描述的连续性的理想没有被怀疑时，物理学家用它来为他们的科学目的，以非常清楚和精确的方式提出因果性关系的原则——这是他们可以使用它的唯一方式，普通的说法太含糊和不精确。在这种形式下，“因果性关系”包括“近距离作用”(close action)原理(或不存在“超距作用”原则),内容如下:在给定的时刻 t,任何点 P 的确切物理状态都是由之前任何时候 P 周围的确切物理状态明确决定的,比如说 $t-\tau$,如果 τ 很大,也就是说,如果以前的时间很久远,那么可能有必要知道 P 周围更广泛领域的以前状态,但“影响领域”随着 τ 变小而变得越来越小,并且随着 τ 变得无限小,“影响领域”也会变得无限小(见图 3)。或者,用简单不够精确的话说:在某一时刻,任何地方发生的事情都只精确取决于“就在前一刻”紧邻的地方发生的事情。

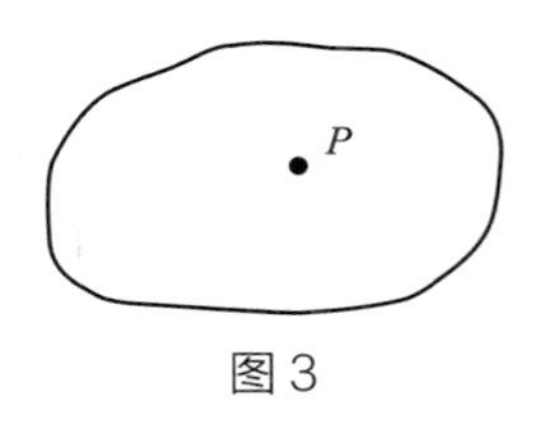

图 3

经典物理学完全建立在这一原则基础上。在所有状态下,实现它的数学工具都是一个偏微分方程组,即所谓的场方程。

显然,如果连续“无间隙”描述的理想破灭了,那么这种因果关系原则的精确表述也就破灭了。在这些观念中,遇到关于因果关系的新的、前所未有的困难,我们不会惊讶,我们甚至会遇到(如你所知)这样的说法:严格的因果关系中存在着间隙或裂缝。

这是否是定论,很难说,有些人认为(顺便说一下,其中包括阿尔伯特·爱因斯坦),这个问题无论如何也解决不了,我稍后会告诉你们关于逃离这种微妙局面的“紧急出口”,现在,我想对连续描述的古典理想再作进一步的评论。

错综复杂的连续体

无论失去它有多么痛苦，我们失去的可能是一些非常值得失去的东西。这对我们来说似乎很简单，因为连续体的概念对我们来说很简单，我们在某种程度上忽视了它所隐含的困难。这是由于幼年时期的适应性训练。正像“0 和 1 之间的所有数字”或“1 和 2 之间的所有数字”这样的想法，对我们来说已经相当熟悉，我们可以直接在几何学上认为它们像从 P 或 Q 这样的点到 0 之间的距离（见图 4）。

在像 Q 这样的点中，还有$\sqrt{2}$（=1.414…）。我们被告知，像$\sqrt{2}$这样的数字曾经让毕达哥拉斯及其学派忧心忡忡。因为我们从小就习惯于这种奇怪的数字，必须小心，不要低估这些古代圣人的数学直觉，他们的担心是非常值得肯定的。

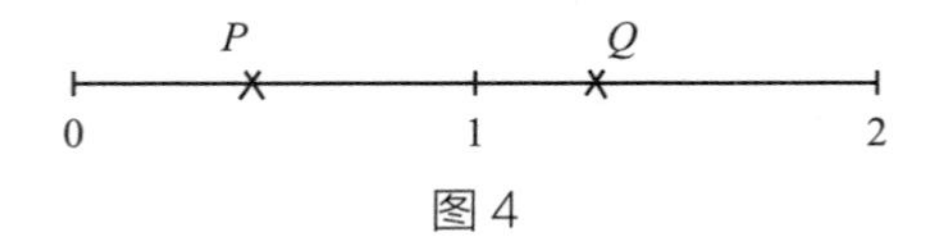

图 4

他们意识到，没有一个分数的平方恰好等于 2，你可以表示近似值，比如说 17/12，你也可以通过考虑比 17 和 12 更大数字的分数来接近，但你永远不会得到精确的数字 2。

数学家们非常熟悉的连续域（continuous range）的概念，是一种相当夸张的东西，是对我们真正可以利用东西的极大外推，可以指出任何物理量——温度、密度、电势、场强等——在一个连续域的所有点上的精确值，即在 0 和 1 之间，这种想法是一种大胆的推断，如图 5 所示。我们只是为非常有限的几个点近似地确定数量，然后“通过它们画一条平滑的曲线”，从来没有做过其他事情，但从认识论及知识理论的角度来看，它与所谓的精确连续描述完全不同。我可以补充说，即使在经典物理学中，也有一些像温度或密度这样的量没有进行精确的连续描述。但这是由于这些术语所代表的概念，即使在经典物理学中，它们也只有统计意义。

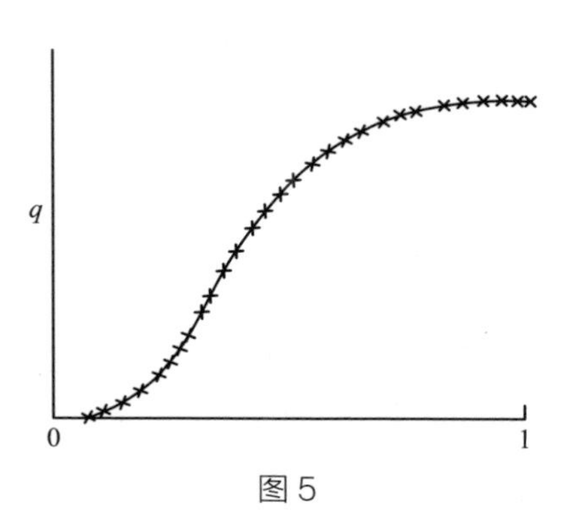

图 5

然而，我现在不应详细讨论这个问题，这会造成混乱。

因为数学家声称能够对一些简单心理构造出简单的连续描述，这鼓励了对连续描述的要求。例如，再拿 0→1 的范围来说，把这个范围内的变量称为x，我们得到了一个关于x^2或$\sqrt{x}$的概念（见图6）。

这些曲线是抛物线的一部分（互为镜像），我们声称充分了解这样一条曲线的每一个点，或者说，给定水平距离（横坐标），我们就能以任何所需精度给出高度（纵坐标）。但请注意“给定”和“任何所需精度”这两个词。前者的意思是“我们可以给出答案”——我们不可能提前为你准备好所有的答案。后者的意思是“即使如此，我们通常也不能给你一个绝对精确的答案”。你必须告诉我们你所要求的精度，比如说，小数点后1000位以内。然后我们可以给你答案——如果你留给我们足够时间的话。

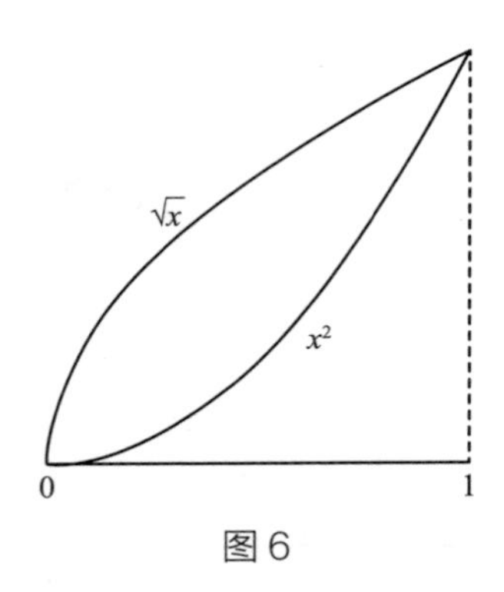

图6

物理依赖性总是可以被这种简单的函数所近似（数学家称它们为“解析的”，意思是“它们可以被分析”）。但是，假设物理依赖性是这种简单的类型，则是认识论的一个大胆进步，而且可能是无法接受的一步。

然而，概念上的主要困难是我们需要大量的“答案”，因为即使是最小的连续域也包含大量的点。这个数量（例如，0 和 1 之间的点的数量）是如此之大，以至于即使你把“几乎所有的点”都拿走，它也不会减少，下面我通过一个令人印象深刻的例子来说明这一点。如图 7 所示。

$0 \quad \frac{1}{9} \quad \frac{2}{9} \quad \frac{1}{3} \qquad \frac{2}{3} \quad \frac{7}{9} \quad \frac{8}{9} \quad 1$

图 7

再设想一下 0→1 这条线，当你把其中一些点拿走，划掉它们、排除它们、使它们无法进入（或者随便你怎么称呼它），我想描述的是剩下的某一组点。我将使用“拿掉”一词。

首先拿掉整个中间 $\frac{1}{3}$，包括它的左边界点，即从 $\frac{1}{3}$ 到 $\frac{2}{3}$ 的点（但你留下 $\frac{2}{3}$ 这个点）。在剩下的 $\frac{2}{3}$ 中，你再次拿掉“中间 $\frac{1}{3}$”，包括它们的左边界点，但留下它们的右边界点。

对于剩下的“$\frac{4}{9}$”，你以同样的方式进行，以此类推。

如果你尝试继续走几步，你很快就会有这样的印象：“什么都没剩下”。事实上，每走一步，我们就会拿掉 $\frac{1}{3}$ 的剩余长度。现在，假设税务稽查人员首先向你收取 6 先令 8 便士，剩下的部分又是 6 先令 8 便士，以此类推，无穷无尽，你就会发现自己没有剩下多少东西了。

我们现在要分析一下我们的例子，你会惊讶于还剩下多少数或点，这需要做一点准备。这里，0 与 1 之间的数字可以用一个十进制小数表示，如

$$0.470802\cdots$$

你知道这个数的意思是

$$\frac{4}{10}+\frac{7}{10^2}+\frac{0}{10^3}+\frac{8}{10^4}+\cdots$$

这里，我们习惯性地使用数字 10，这纯粹是偶然的，因为我们有 10 个手指。

我们可以使用任何其他数字，8、12、5、2…当然，我们需要不同的数字符号来表示所有的数字，直到选定的“基底”。在我们的十进制中需要 10 个数字符号，即 0，1，2，…，9。如果我们用 12 作为我们的“基底”，我们应该为 10 和 11 发明单个符号来表示。如果我们以 8 为“基底”，8 和 9 的符号就会成为多余的符号了。

非十进制的小数并没有完全被十进制所取代，那些使用“基底”2 的二进制小数就非常流行，特别是在英国。有一天，当我问我的裁缝，我应该为我刚刚订购的法兰绒长裤准备多少材料时，他的回答让我大为吃惊：$1\frac{3}{8}$码。很容易看出，这是个二进

制小数

$$1.011$$

也就是

$$1+\frac{0}{2}+\frac{1}{4}+\frac{1}{8}$$

同样，一些证券交易所在报价时不以先令和便士为单位，而是以 1 英镑的二进制小数为单位，例如，英镑 £$\frac{13}{16}$，用二进制符号表示为

$$0.1101$$

也就是

$$\frac{1}{2}+\frac{1}{4}+\frac{0}{8}+\frac{1}{16}$$

请注意，在一个二进制小数中只有两个符号出现，即 0 和 1。

对于我们现在的目的，首先需要三进制小数，它的“基底”是 3，使用符号 0，1，2。例如，这里的符号是

$$0.2012\cdots$$

也就是

$$\frac{2}{3}+\frac{0}{9}+\frac{1}{27}+\frac{2}{81}+\cdots$$

通过省略号，表明这个小数是无限的，例如 2 的平方根。

现在让我们回到前面的问题上，看看我们在图中如何构造剩下的“几乎消失的数集”。稍微仔细思考一下就会发现，我们拿

走的那些点都是在三进制表示法中某处包含数字 1 的那些点。事实上，首先除去中间的 $\frac{1}{3}$ 时，我们除去了所有以 0.1 …开始的三进制小数。

$$0.1\cdots$$

在第二步中，我们又除去了所有以 0.1 …或 0.21 …开始的三进制小数。

以此类推。如此则表明，还剩下一些东西，即所有那些三进制小数不含 1，而只含 0、2 的小数，比如说

$$0.2012\cdots$$

（这里的点，只代表任何 0 和 2 的序列）。当然，其中有被排除区间的右边界点（如 $0.2=\frac{2}{3}$ 或 $0.22=\frac{2}{3}+\frac{2}{9}=\frac{8}{9}$），我们决定保留这些边界点，直到无穷。例如二进制循环小数 0.20，意思是 0.202020 …无穷无尽，这是无穷级数：

$$\frac{2}{3}+\frac{2}{3^3}+\frac{2}{3^5}+\frac{2}{3^7}+\cdots$$

要得到它的值，你要考虑将它乘以 3 的平方，也就是 9，然后第一项就得到了 $\frac{18}{3}$，也就是 6，而其余各项又再次给出同样的级数。因此，该级数的 8 倍是 6，而我们的数字是 $\frac{6}{8}$ 或 $\frac{3}{4}$。

不过，我们“拿掉”的区间覆盖了 0 和 1 之间的整个区间，

人们会倾向于认为，与原始集合（包含 0 和 1 之间的所有数字）相比，剩余的集合必须是“极其稀少的”。但是令人惊讶的是，从某种意义上来说，剩余的集合仍然和原来的集合一样大。事实上，我们可以将它们各自的成员成对地联系起来，通过各自成员的一一配对，原集合的每个字与剩余集合的一个确定的数字对应，两边都没有剩余的数字（数学家称之为“一一对应”）。这是如此令人困惑，以至于我确信，许多读者一开始会认为他一定是误解了这些词，尽管我努力尽可能地想把它说得清楚。

这是如何做到的？好吧，“剩余集合”是由所有只包含 0 和 2 的三进制小数表示的，我们曾经举了一个一般例子

$$0.22000202\cdots$$

（其中的点，只代表任何 0 和 2 的序列）。与这个三进制小数相关的是二进制小数，把每一个数字 2 都替换成 1，便得到：

$$0.11000101\cdots$$

反之亦然，你可以从任何一个二进制小数中，通过把它的 1 变成 2，得到我们所说的“剩余集合”中一个确定的三进制小数表示。由于原始集合的任何成员，即 0 和 1 之间的任何数字，都由一个且只有一个二进制小数来表示，因此在这两个集合的成员之间，实际上存在着完美的一一匹配。我们已经忽略了这种微不足道的重复，例如，在十进制中，0.1 = 0.09 或 0.8 = 0.79。

不妨用例子来说明“匹配”的作用。例如，我的裁缝用的是

二进制小数：

$$\frac{3}{8}=\frac{0}{2}+\frac{1}{4}+\frac{1}{8}=0.011$$

所对应的三进制小数：

$$0.022=\frac{0}{3}+\frac{2}{9}+\frac{2}{27}=\frac{8}{27}$$

也就是说，原始集合的 $\frac{3}{8}$ 对应于剩余集合中的 $\frac{8}{27}$。反过来说，我们前面的三进制小数 0.20，正如我们所做出来的那样，$\frac{3}{4}$ 对应于二进制小数 0.10，意思是无穷级数：

$$\frac{1}{2}+\frac{1}{2^3}+\frac{1}{2^5}+\frac{1}{2^7}+\frac{1}{2^9}+\cdots$$

如果你用这个数字乘以 2 的平方，也就是 4，你会得到：2+同一级数。换句话说，该级数的 3 倍等于 2，这个级数等于 $\frac{2}{3}$；也就是说，“剩余集合”的数字 $\frac{3}{4}$ 与原级数中的数字 $\frac{2}{3}$ 相对应（或“匹配”）。

关于“剩余集合”的显著事实是，尽管它没有覆盖任何可测区间，但仍有任意连续域的巨大延伸。

这种惊人的特性组合，用数学语言来表达，就是我们的集合仍然具有连续体的“潜力”，尽管它的“测度为零”。

我展示这个案例，是为了让你们感到连续体有某种神秘之处，当我们试图用它来精确描述自然出现失败时，不应过于惊讶。

波动力学的权宜之计

现在，我将尝试说明，物理学家是如何努力克服这一失败的。有人可能认为这是一个“紧急出口”，尽管它的本意并非如此，而仅仅是作为一种新理论。当然，我指的是波动力学。爱丁顿称它“不是一个物理理论，而是一个躲避方法，而且是一个非常好的躲避方法”。

情况大约是这样的。所观察到的事实（关于粒子和光及各种辐射和它们的相互作用）似乎与时空的连续描述的经典理论相抵触。让我通过举一个例子来向物理学家解释我的观点，玻尔著名的光谱线理论在1913年假设原子从一个状态突然跃迁到另一个状态，同时发出数十万个几英尺长的光波，它的形成需要相当长的时间。在这个跃迁过程中，无法提供任何关于原子的信息。

因此，观察的事实与时空的连续描述是不可调和的，至少在许多情况下，这似乎是不可能的。另外，从一个不完整的描述——从一个在空间和时间上有空隙的画面——人们无法得出清晰明确的结论，这导致了模糊、武断、不明确的思想，而这正是我们全力以赴要避免的事情！该怎么做呢？采用的方法可能会令你感到很神奇。它相当于：我们确实给出了一个时空上连续的完整描述，没有留下任何间隙，符合经典的理论对某物的描述。但我们并没有声称这个“东西”是被观察到的或可观察到的事实；我们更没有声称这样就描述了自然界（物质、辐射等）的真实情况。事实上，我们在使用这幅图（所谓的波动图）时，完全知道它两者都不是。

在这个波动力学的图景中没有任何间隙，在因果关系方面也没有间隙。波动图符合经典的完全决定论的要求，所使用的数学方法是场方程，尽管有时它们是一种广义类型的场方程。

但是，正如我所说，这种描述并不被认为是描述可观察的事实或自然界的真实情况，那么这种描述有什么用呢？好吧，它被认为可以给我们提供关于观察到的事实及其相互依赖的信息，有一种乐观的观点，它给我们提供了所能得到的所有这类信息。

但这种观点——可能正确，也可能不正确——之所以乐观，只是让我们骄傲地认为，我们原则上拥有所有可获得的信息。

它在另一个方面是悲观的，我们可以说在认识论上是悲观的。因为我们得到的关于可观察事实的因果关系的信息是不完整的（在某个地方露出马脚）。从波动图中消除的间隙转移到了波动图和可观察事实之间的联系上，后者与前者并非一一对应，大量的模糊不清之处仍然存在。正如我所说的，一些乐观的悲观主义者或悲观的乐观主义者认为，这种模糊性是必不可少的，无可避免。

这就是目前的逻辑处境。我相信我已经正确描述了它，由于没有例子，我很清楚，整个讨论仍然有点混乱、苍白，只具有纯粹的逻辑性，我还担心你们对物质的波动理论产生了不好的印象。我应该修正这两点，波动理论不是今天才有的，也不是25年前的，它最初是作为光的波动理论出现的（1690年惠更斯提出）。在100年[①]的大部分时间里，光波被认为是一个无可争议的现实，其真实存在已被光的衍射和干涉的实验所证明，没有任何疑问。我认为，许多物理学家——当然不是实验主义者——也不愿意赞同这样的说法："光波并不真正存在，它们只是认识上的波"（不严格地引用自詹姆斯·金斯的话）。

如果你用显微镜观察一个狭窄的光源L，即一根厚度为几微米发光的沃拉斯顿（Wollaston）线，显微镜的物镜被一个带有几个平行狭缝的屏幕所覆盖，你会发现（在与L共轭的像平面中）一组彩色条纹，这些条纹定量地符合这样的观点：特定颜色的光是某种小波长的波动，紫色光波长最短，红色光波长约为紫色光波长的2倍（见图8）。这是几十个实验中的一个，它证实了同样的观点。那么，为什么这种波的真实性变得令人怀疑？有两个原因：

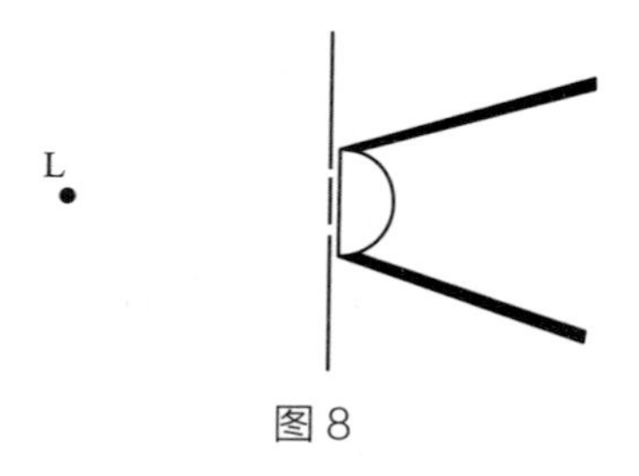

图8

① 而不是紧接着的一百年。牛顿的权威让惠更斯的理论黯然失色了大约一个世纪。

（1）类似的实验也是用阴极射线束（而不是光）进行的；据说阴极射线是由单个电子组成的，它能够在威尔逊云室中产生“轨迹”（见图9）。

图9

（2）有理由认为，光本身也由单个粒子组成，即光子。

尽管如此，人们可以争辩说，如果你想解释干涉条纹的话，这两种情况下波的概念都是存在的。人们还可以争辩说，粒子不是可识别的物体，它们可以被看作是波阵面中的爆发事件——正是这些事件使波阵面被观察到。

因此可以说，在某种程度上，这些事件是偶然的，这就是为什么各个观察之间没有严格的因果关系。

让我详细解释这两种情况下，为什么光和阴极射线的现象无法通过单一的、单独的、永久存在的粒子的概念来理解。

这也将提供一个例子，说明我所说的我们描述中的“间隙”和我所说的粒子的“缺乏个体性”。为了便于论证，我们把实验安排简化到极致。我们考虑一个小的、几乎是点的光源向所有方向发射光束，还有一个有两个小孔的屏幕，有百叶窗遮板，这样我们就可以先打开一个，然后再打开另一个，然后两个都打开。在屏幕后面，我们有一个照相底板，收集从开口处出现的粒子。在照相底板显影之后，能够显示撞击它的单个粒子的痕迹，使溴化银显影，所以它在显影之后显示为一个黑色斑点（这与实际情况接近，见图 10）。

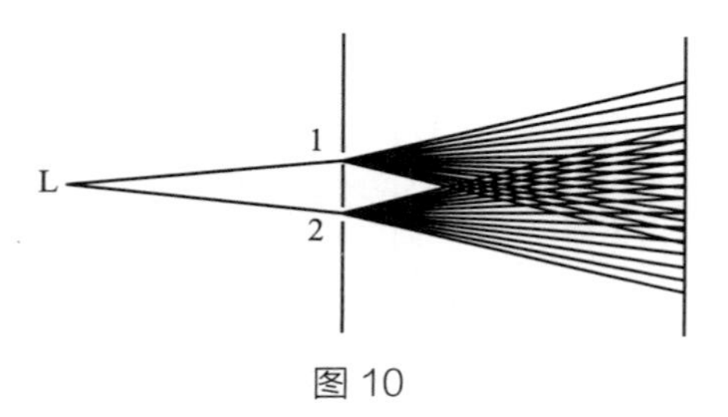

图 10

现在让我们先只打开一个孔。你可能会想到，在曝光一段时间后，我们会在一个地方得到一个紧密的团，但实际情况并非如此。显然，粒子在开口处似乎从它们直线路径上偏离了，你会得到一个相当广泛的黑色斑点，尽管在中间最密集，角度越大变得越稀少。如果你单独打开第二个孔，你显然会得到一个类似的图样，只是围绕另一个中心周围（见图 11）。

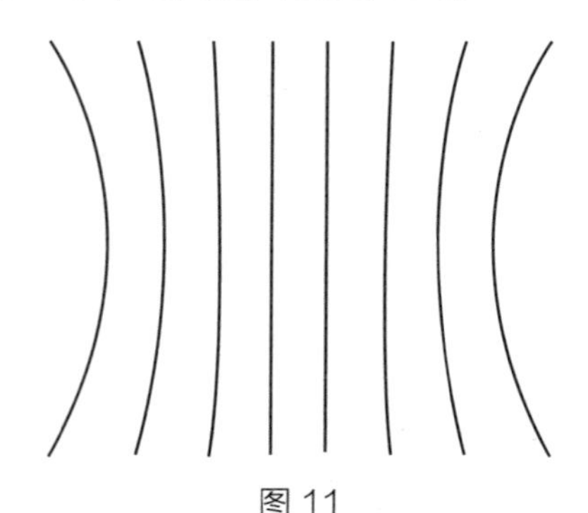

图 11

注：图中的线表示很少或没有点的地方，而在任何两条线的中间，斑点将是最多的。中间的两条直线与缝隙平行。

现在让我们同时打开两个孔，并像以前一样长时间地暴露在平板上。如果这个想法是正确的，即单个粒子从源头飞到其中一个孔，在那里被偏转，然后继续沿着另一条直线，直到被底片俘获，你会期待什么结果？很明显，你会期望得到前两种结果的叠加。因此，在两个扇形重叠的区域，如果在图的某一点附近，比如说在第一个实验中每单位面积有 25 个斑点，在第二个实验中又有 16 个，那么你会期望在第三个实验中发现 25+16=41。事实并非如此，保持这些数字（为讨论方便起见，不考虑偶然波动），你可能找到是介于 81 和 1 之间的任何数量，这取决于底片上的精确位置，是由它与孔之间的距离决定的。其结果是，我们在重叠的部分得到了被稀疏条纹隔开的暗纹。

注：数字 1 和 81 的获得方式为 $(\sqrt{25} \pm \sqrt{16})^2=(5 \pm 4)^2=\frac{81}{1}$。

如果人们想继续保持单个粒子连续、独立地通过一个或另一个小孔的想法，就必须假设一些相当荒谬的事情，即在底片的某些地方，粒子在很大程度上相互摧毁，而在其他位置，它们又“产生后代”，这不仅是荒谬的，而且可以被实验所推翻（使光源极弱长时间暴露，这并没有改变结果！）

唯一的可能替代的方案是，假设飞过 1 号孔的粒子也受到 2 号孔的影响，而且是以一种极其神秘的方式。

因此，我们似乎必须放弃把通过还原一粒溴化银而显示在底片上的粒子的历史追溯到底的想法。我们无法知道这个粒子在撞击底片之前在哪里。我们无法知道它是通过哪个孔来的。这是描述可观察事件的典型间隙之一，也是粒子缺乏个体性的非常典型的特征。我们必须从光源源头发出的球形波的角度来考虑，每个波阵面的一部分通过两个孔，并在底片上产生我们的干涉图样——但这个图样是以单个粒子的形式显示出来的。

主体和客体之间壁垒的打破

不可否认的是，我试图通过这个例子让你们了解的自然界物理新特征，比我称之为“不间断的、连续的描述的经典理论”的旧方式复杂得多。一个非常严肃的问题自然产生了，这种不熟悉的新的看待事物的方式，与日常思考的习惯不同——它是否深深地扎根于观察的事实中，以至它已经留下来，并且永远不会再被抛弃，或者这个新特征也许不是客观自然的标志，而是人类自己心灵的设定，是我们对自然的理解所达到阶段的标志？

这是一个极难回答的问题，因为它甚至没有说清楚客观自然和人类心灵这两个对立面的含义。因为一方面，我无疑是自然界的一部分；而另一方面，客观的自然界对我来说，只是作为我心灵的一种现象而为我所知。

在思考这个问题时，我们必须记住另一点：人们很容易被欺骗，认为后天的心灵习惯是我们的心灵施加于任何自然界理论的强制性假设。这方面著名的例子是康德，如你所知，他把空间和时间称为我们精神直觉（Anschauung）的形式——空间是外部直觉的形式，时间是内部直觉的形式。在整个 19 世纪，大多数哲学家都接受了他的这种看法。我并不是说康德的观点是完全错误的，但它肯定是过于僵化了，当新的可能性出现时需要被修正，例如，空间本身可能是封闭的，但没有边界，对于两个发生的事件，其中任何一个都可能被视为较早发生的事件（这是爱因斯坦的狭义相对论中最令人惊讶的新特征）。

但是，让我们回到我们的问题上，不管它的表述有多么糟糕：不可能做一种在时空上进行连续的、无间隙的、不间断的描述，这果真基于不容置疑的事实吗?

物理学家们的观点是，情况确实如此。玻尔和海森伯格对此提出了一个非常巧妙的理论，这个理论非常容易解释，以至它已经进入了关于这个问题的流行论著中。但这非常不幸，因为它的哲学含义通常被误解。在对其进行反驳前，我先对其进行简单的总结。

它的内容是：如果不与一个给定的物理客体（或物理系统）“接触”，我们就不能对其做出任何事实性的陈述。这种“接触”是一种真实的物理互动。即不仅包括看“物体”，物体也必须被光线击中，并将其反射到眼睛或某些观察工具中。这意味着物体被观测行为所干扰。你不可能在让一个物体严格隔离的情况下获得关于它的任何知识。该理论继续断言，这种干扰既不是无关紧要的，也不是完全可考察的。因此，费尽一番艰苦观察之后，物体处于这样一种状态，它的某些特征（最后观察到的特征）是已知的，但其他特征（被最后一次观察干扰的特征）是不知道的，或不准确知道。

这种状况解释了为什么不可能对一个物理客体进行完整的、无间隙的描述。

显然，这些推论，即使被认可，也只是告诉我们，这样的描述不可能实际完成，但它们并不能使我确信，我在心灵中无法形成一个完整无间隙的模型，从这个模型中，我观察到的一切都可以被正确推断或预见，弥补不完整观察的不足。情况可能是这样的：在一局惠斯特牌游戏开始，按照游戏规则，我只能知道所有52张牌的1/4，但我知道其他玩家也有13张牌，这在游戏中不会改变，其他人不可能有红心皇后（因为我有这张牌），在我不知道的牌中正好有6张梅花（因为我刚好有7张梅花），等等。

我说这种解释表明：有一个完全确定的物理客体存在，但我永远不可能知道它的所有情况。然而，这将是对玻尔和海森伯格及那些追随者们本意的完全误解，他们的意思是，客体没有独立于观察主体而存在。他们认为，物理学中的一些发现将主体和客体之间的神秘界限推向了前台，而事实证明这根本就不是一个鲜明的界限。我们要明白，我们在观察一个物体时，它从来没有被我们自己观察它的活动所改变，在我们完善观察方法和对实验结果思考的影响下，主体和客体之间的神秘界限已经被打破。

当然，两位最重要的量子理论家的观点特别值得关注，而且其他几位著名科学家也没有排斥他们的意见，似乎对其相当认同，这更增加了他们观点的分量。但这里，我要表达某些异议。

我不认为我对科学从纯人类的角度看所具有的重要性有什么偏见，我在这些讲座的原标题中表示过，而且我在介绍性段落中也解释过，我认为科学是我们努力回答一个包含所有其他问题的伟大哲学问题的必要组成部分，也就是普罗提诺在他简报中所表述的：我们是谁？不仅如此，我认为这不仅是科学的任务之一，而且是科学唯一真正有意义的任务。

但尽管如此，我还是不能相信（这是我的第一个异议）：对主体和客体之间的关系及对它们之间区别真正意义的深刻哲学探索，要依赖于用天平、分光镜、显微镜、望远镜，用盖革–米勒计数器、威尔逊云室、摄影底片、测量放射性衰变等装置进行物理和化学测量的定量结果。要说清楚我为什么不相信它挺困难的，我觉得应用的手段和要解决问题之间有某种不一致。对于其他学科，特别是生物学，尤其是遗传学和关于进化的事实，我并没有感到缺乏信心，但我不在这里谈论这个问题。

另一方面（这是我的第二个异议），每一个观察都取决于主体和客体，两者不可分割地交织在一起，这一论点几乎不新鲜，它几乎和科学本身一样古老。尽管与我们相隔 24 个世纪的关于普罗泰戈拉和德谟克利特这两位伟人的报告和引文很少流传下来，但我们知道他们都以各自的方式坚持认为，我们所有的感觉、知觉和观察都带有强烈的个人主观色彩，无法传达事物自身的本性（他们之间的区别在于，普罗泰戈拉放弃了事物本身，对他来说，我们的感觉是唯一真实的东西，而德谟克利特的想法不同）。从那时起，只要有科学，这个问题就会被提出来，我们可以沿着它走过几个世纪，谈论笛卡尔、莱布尼茨、康德对它的态度。必须提到一点，以免被指责为对我们时代的量子物理学家不公正。我说过，他们主张在感知和观察中主体和客体是不可分割地交织在一起的，这几乎不是新的说法。但他们可以提出证据表明，关于它有些东西是新的。我认为，在近几个世纪里讨论这个问题时，人们大多会想到两件事：①客体在主体中造成的直接物理印象；②接受印象的主体的状态。与此相反，在目前的观念次序中，两者之间直接的、物理的、因果影响被认为是相互的。据说，还有一种不可避免的、不可控制的印象，从主体的一方到客体，这种观点是新的，而且更加充分，因为物理作用总是相互作用的。对我来说存在的疑问仅仅是：把两个物理上相互作用的系统中的一个称为“主体”是否合适，因为“观察的心灵不是一个物理系统，它不能与任何物理系统相互作用”。把“主体”这个词保留给观察者的心灵可能会更好。

原子或量子——破解连续体的复杂性

尽管如此，似乎值得我们尝试从不同的角度来研究这个问题。我以前在这些讲座中提到的一个观点，确实表明了这一点，即我们目前在物理科学中的困难是与连续体概念中固有的臭名昭著的概念“复杂性”联系起来的，但这并没有说出很多内容。它们是如何联系起来的？确切地说，它们之间的关系是什么？

如果你设想一下过去半个世纪物理学的发展，你会得到这样的印象：自然界的不连续特征是在很大程度违背我们意愿的情况下强加给我们的，似乎连续体让我们感到很舒心。马克斯·普朗克被不连续的能量交换的想法吓坏了，他提出这个想法（1900年）是为了解释黑体辐射中能量的分布。他做了很多努力来弱化这一假说，并且尽可能地摆脱它，但没有成功。25年后，波动力学的发明者有一段时间沉浸在美好的希望中，认为他们已经为回归经典的连续描述铺平了道路，但这种希望又是骗人的，自然界本身似乎拒绝了连续描述，而这种拒绝似乎与数学家在处理连续体时出现的漏洞毫无关系。

这就是过去50年给你的印象。但量子理论可以追溯到24

个世纪以前的留基伯和德谟克利特。他们发明了第一个不连续体——嵌入虚空空间的孤立原子。我们基本粒子的概念在历史上是由他们的原子概念演变而来的，我们只是坚持了这个概念。而这些粒子现在变成了能量子，因为正如爱因斯坦在1905年发现的那样，质量和能量是同一回事。因此，不连续的观念是非常古老的，它是如何产生的呢？我想说明，它正是源于连续体的错综复杂，可以说是对付连续体的一种武器。

古代原子论者是如何得出物质的原子论思想的？这个问题不仅仅具有历史意义，而且变得与认识论密切相关。这个问题有时会以如下形式提出，人们不无惊讶地问道：那些思想家，在对物理定律了解极少的情况下，在对所有相关的实验事实完全无知的情况下，他们是如何构想出物质体组成的正确理论的？偶尔你会发现，人们对这一“幸运的发现”如此困惑，以至宣称这是一个偶然事件，并拒绝给予古代原子论者任何荣誉。他们声称，古代原子论者的原子论是一个毫无根据的猜测，而这个猜测也可能变成一个错误。不用说，得出这一奇怪结论的总是科学家，而不是古典学者。

我拒绝接受这种说法，但必须回答这个问题。

这并不十分困难。原子论者和他们的思想并非无中生有，他们是在一个多世纪前从米利都的泰勒斯（公元前585年）开始发明之前出现的，他们沿着爱奥尼亚那条令人敬畏的路线走了下去。他们的直接前辈是阿纳克西门美尼，他的学说主要包括强调“稀释和凝聚”的重要性。他从对日常经验的仔细考虑中抽象出这样一个论点：每一种物质都可以呈现出固态、液态、气态和“火态”，这些状态之间的变化并不意味着性质的改变，而是以几何方式实现的，就像它是由相同数量的物质在越来越大的体积上扩散（稀释），或者在相反的过渡中由它被减少或压缩到越来越小的体积中（凝聚）。这个想法是如此的恰当到位，以至现代物理科学导论可以不做任何相关修改地采用它，当然它不是毫无根据的猜测，而是仔细观察的结果。

如果你试图吸收阿那克西美尼的思想，你自然会认为，物质属性的变化，比如说在稀薄的情况下，一定是由其各部分相互之间的距离变大而引起的。

但是，如果你认为物质构成了一个无间隙的连续体，那么你要想象这一点是非常困难的。是什么东西应该远离什么东西？当时的数学家认为一条几何线是由点组成的，如果你不去管它，这也许没有什么问题。但是，如果它是一条物质的线段，而你开始拉伸它——它的点难道不会相互彼此远离，并在它们之间留下空隙吗？因为延伸不会产生新的点，同一组点集不会覆盖更大的区间。

摆脱这些存在于连续体神秘特性的困难，最简单的就是原子论者所采取的方法，即把物质从一开始就看成是由孤立的“点”或小颗粒组成的，它们在稀释时彼此远离，在凝结时彼此靠近，而自身却保持不变。自身保持不变是一个重要的副产品，如果没有它，关于在这些过程中物质保持内在不变的论点将仍然是非常模糊的。原子论者可以说出它的含义：粒子保持不变，只有它们的几何位置发生变化。

这样看来，物理科学是古代科学的直系后代，是古代科学的不间断的延续。它从一开始就被避免与连续体概念中固有的模糊性的愿望所迎合，当时人们比现代更多地感受到连续体概念不稳定的一面。

我们对连续体的无能为力，反映在量子理论的困难中，但这种无能为力并不是姗姗来迟，它是科学诞生的教母——如果你愿意，也可以称它是一个邪恶的教母，就像《睡美人》故事中的第13位仙女一样。长期以来，她的邪恶魔咒被原子论的天才发明阻止了，这解释了为什么原子论被证明是如此成功、持久和不可或缺的，这并不是那些“对它一无所知”的思想家的幸运猜测，它是强大的咒语破解术，只要它驱邪的困难依然存在，它的存在就是必然的。

我并不是说原子论终将被淘汰，它的宝贵发现，特别是热的统计理论，肯定不会被淘汰。没有人能够预知未来，原子论发现自己面临着一个严重的危机。原子——我们现代的原子，终极粒子——绝不能再被视为可识别的个体，这是对原子原始概念的强烈偏离，是任何人都未曾考虑过的，我们必须做好一切准备。

物理不确定性会给自由意志一个机会吗?

我在前面简要地谈到了那个老问题，即关于物质事件的决定论观点与拉丁语中所谓的“中立的决断自由”（liberum arbitrium indifferentiae）或用现代语言来说就是“自由意志”之间的明显矛盾。我想你们都知道我的意思：既然我的心灵生活显然与我的身体，特别是我的大脑中的生理活动紧密相连，那么，如果后者是由物理和化学的自然法则严格和唯一决定的，那么，我对以这种或那种方式行事决定的不可剥夺的感觉应当如何解释呢？我对我实际作出的决定负责，这种感觉应当如何解释呢？我所做的一切难道不是事先由我大脑中的物质状态机械地决定的，包括由外界物体引起的改变，我的自由感和责任感难道不是假象吗？

这确实让我们感到是一个真正的困难，德谟克利特第一次完全意识到了这一点，但没有去管它。我想这是非常明智的，虽然他坚持把他的“原子和虚空”作为理解客观自然的唯一合理方式，但从他保留下来的一些明确看法中我们可以看出，他也意识到，原子和虚空的整个图景是由人类心灵根据感官知觉的证据形成的，而不是别的。

伊壁鸠鲁继承了德谟克利特的物理理论（顺便说一下，他并没有承认）。然而，他没有那么明智，而且非常热衷于向他的弟子传达公平、健全和无可争议的道德态度，损害物理学，发明了他著名的（或臭名昭著的）“微偏”（swerves）概念——让人很容易想起关于物理事件“不确定性”的现代概念。

我在此不谈细节，我只想说，他以一种相当幼稚的方式摆脱了物理决定论，这不是基于任何经验，因此也不会有任何后果。

这个问题本身从未离开过我们，在希波的圣奥古斯丁（St. Augustine of Hippo）那里表现得非常突出，它作为一个神学上的难题，或者至少是一个逻辑结构非常相似的问题。自然法则部分被全知全能的上帝接管，但对于相信上帝的人来说，自然法则显然就是上帝的法则，因此我认为把它称为同一个问题是对的。

众所周知，圣奥古斯丁的最大难题正是如此：上帝是全知全能的，如果上帝不了解、不愿意，我就不能做任何一件事——上帝不仅要同意，而且要决定。那么，我怎么能对它负责呢？我想，对于这种形式的问题，宗教界的态度最终一定是：我们在这里面对的是一个我们无法深入了解的深奥之谜，但我们肯定不能通过逃避责任来解决这个问题。我说，我们绝不能尝试，最好也不要尝试，因为我们会遭到惨败。责任感是与生俱来的，没有人能够抛弃它。

但是，让我们回到问题的原始形式和物理决定论在其中扮演的角色。

自然地，物理学中所谓的“因果关系危机”似乎使人们看到了从这种悖论或无序状态中解脱出来的希望。

也许，所宣称的不确定性可以允许自由意志介入这个间隙，使自由意志能够决定那些自然法则所没有决定的事件，初看起来，这种希望是显而易见和可以理解的。

德国物理学家帕斯库尔·乔丹（Pascual Jordan）以这种粗略的形式进行了尝试，并在一定程度上实现了这个想法。我认为这在物理上和道德上都是一个不可行的解决方案。首先在物理上，根据我们目前的看法，虽然量子定律无法确定单一的事件，但当同样的情况一再发生时，它可以预测一个相当确定的事件统计。如果这些统计数字被某种因素干扰，那么这个因素就违背了量子力学定律，就像它干扰了量子力学出现前的物理学中的严格因果机械定律一样令人反感。现在我们知道，同一个人对完全相同的道德情景的反应没有统计学意义——规则是同一个人在相同的情况下往往以相同的方式行事（注意，是完全相同的情况下，这并不意味着一个罪犯或瘾君子不能通过说服示范或其他什么外部影响来改变或治愈，但这当然意味着情况发生了变化）。推论是，乔丹的假设——自由意志的直接介入以填补不确定性的间隙——相当于对自然规律的干涉，即使是以量子理论中接受的形式。如果付出这个代价，我们当然可以拥有一切，但这并不能解决这一难题。

德国哲学家恩斯特·卡西尔（Ernst Cassirer，1945 年在纽约去世，从纳粹德国流亡）非常强调道德上的反驳。

卡西尔对乔丹思想的广泛批评是建立在对物理学情况的了

如指掌之上的，我将尝试对其进行简单的总结，他的思路是这样的：人的自由意志包括作为其最相关部分的人的道德行为，假设时空中的物理事件实际上在很大程度上不是严格确定的，而是受制于纯粹的偶然性，正如我们这个时代的大多数物理学家所认为的那样，那么物质世界中发生的这种偶然的一面，当然是最不应该被作为人的道德行为的物理相关性来引用的（卡西尔语）。因为人的道德行为并不是随意的，它是由从最低到最崇高的动机所决定的，从贪婪和怨恨到对同胞真正的爱或真诚的宗教情感。卡西尔清晰的讨论，让人强烈地感受到将自由意志，包括伦理学，建立在物理上的随意性之上是多么荒谬，以至之前的那个难题，即自由意志和决定论之间的对立，在卡西尔对相反观点的有力打击下，已经不那么明显甚至逐渐消失了。卡西尔说“即使是量子力学所赋予可预测性的降低程度，也足以摧毁道德自由”，如果后者的概念和真正意义与可预测性不可调和的话。事实上，人们开始怀疑所谓的悖论是否真的如此令人震惊，以及物理决定论与心灵现象也许不完全是合适的关联物，它并不总是容易“从外部”预测，但通常是“从内部”决定。在我看来，这是整个争论最有价值的结果：当我们意识到物理上的偶然性为道德奠定的基础不那么充分时，天平就会偏向于把自由意志与物理决定论进行调和。人们可以在这一点做进一步的阐述，可以从诗人和小说家那里举出无数的说法来证明这一点。在约翰·高尔斯华绥（John Galsworthy）的小说《殷红的花朵》（*The Dark Flower*，第一部分，第 13 章，第 2 段）中，一个年轻小伙子在夜里忽然想道：“但情况就是这样，你永远无法想到如果事情不是这样，不是在那里，会是什么样子。你也永远不知道会发生什么，然而，当它到来时，似乎没有其他事情发生一样。这很奇怪——你可以做任何你喜欢的事情，直到你做了它，但当你做了它时，你才知道你总是不得不……”

席勒的《华伦斯坦之死》（*Wallenstein's Tod*）中，有一个著名的段落（Ⅱ.5）：

> 你们要知道，人的思想和行为
> 不像海洋中盲目涌动的海浪。
> 他的内心世界，他的微观世界，
> 是深不可测的深坑，思想从这里涌出。
> 他们是自然的，就像树上的果实，
> 盲目地玩弄机会是无法得到的。
> 我若探讨，进入一个人的内心深处，
> 也就知道他的意愿和行为。

诚然，在上下文中，这些句子指的是华伦斯坦对占星术的虔诚信仰，而我们并不倾向于分享这种信仰。但是，占星术的诱惑，几千年来对人们思想所产生的不可抗拒的吸引力，恰恰证明了这样一个事实：我们不愿把我们的命运看作是纯粹偶然的结果，即使（或者说只是因为）命运依赖于我们在正确时刻做出正确的决定（我们通常缺乏为此所需的全部信息，而这正是占星术发挥作用之处！）

尼尔斯·玻尔说：“预测的障碍”

回到我们的主题上来。玻尔和海森伯格在上文提到的思想基础上，进行了一次更为严肃和有趣的尝试，以通过解释来消除这一难题，即观察者和被观察的物理客体之间，存在着不可避免和无法控制的相互作用。他们的推论简述如下：所谓的悖论在于，根据机械论的观点，通过对一个人的身体（包括他的大脑）中所有基本粒子的位置和速度的精确了解，人们可以预测他的自愿行为，因此这些行为不再像从前那样是自愿的行为。即使我们无法获得这种详尽的知识，也不会影响结论，甚至理论上的可预测性已经让我们感到震惊。

对此，玻尔回答说，这种知识即使“原则上”甚至在理论上也无法获得，因为这种准确观察将会对“客体”（人的身体）产生强烈干扰，使之分解成单一的粒子，事实上会彻底杀死他，甚至无法留下一具尸体。无论如何，在“客体”远远超出展现出任何自愿行为的状态之前，不可能对行为做出任何预言。

当然，重点是在“原则上”这个短语上。

如果没有量子理论和不确定性关系，上述知识实际上是无法获得的，甚至对最简单的生命体也是如此，更不用说像人这样的高级动物了，这一点是很明显的。

玻尔的想法无疑是有趣的。然而，我要说，我们更相信它，而不是被说服，因为有一些数学证明：你必须承认 A 和 B，然后是 C 和 D，等等，你不能反对其中某一步，然后推导出有趣的结果 Z。你必须接受它，但你看不出它是如何真正产生的，证明并没有给出线索。在目前的情况下，我想说：玻尔的想法告诉你，物理学中的观点——由于缺乏严格的因果关系（或由于不确定性关系）——原则上阻碍了令人厌恶的可预言性，但你看不出这一点是如何产生的。鉴于玻尔的推理与缺乏可观测的严格因果关系密切相关，你甚至倾向于怀疑这只是乔丹的再现，在一个更谨慎的伪装下，以便避开卡西尔的论证。

人们可以解释为什么会这样。事实上，我认为我必须指责玻尔——尽管事实上他是我所认识的最善良的人之一——所提出的观察会杀死被观察者物体。我看不出这一假设有什么用处，根据量子力学，它永远不会让我们得到所有粒子的位置和速度，因为根据我们的观点，这是不可能的。这种完整的知识在经典物理学中的等价物是在量子物理学中所谓的“最大程度观察”（maximum observation），它给出了所能获得的最大程度的知识，不，是有意义的知识。在所接受的观点中，没有任何东西能够阻止我们获得这种关于生命体最大程度的知识。我们必须在原则上承认这种可能性，尽管我们知道实际上它不可能实现，这种状况与经典物理学中的完备知识完全相同。此外，正像在经典物理学中一样，你可以从现在产生最大程度知识的最大程度观察中，原则上推断出以后任何时间的最大程度的知识（当然，你还必须获得关于在此期间作用于你的客体所有动因的最大程度的知识，但这原则上是可能的，并且与经典机械论物理学的情况完全类似）。

根本的区别仅仅在于，后一时刻所说的最大程度知识可能会让你对你的客体在后一时刻的实际可观察行为的明显特征产生怀疑，时间越久情况就越是如此。

这样看来，玻尔的想法恰恰是由量子理论所坚持的缺乏严格因果关系而再次证明生命体行为的物理不可预言性。我认为，无论这种物理上的不确定性是否在有机生命中起重要作用，我们必须严厉拒绝将其作为生命体自愿行动的物理关联物，原因在前面已经概述。

最后的结论是，量子物理学与自由意志问题毫无关系。即便存在这样一个问题，它也不会因物理学的最新发展而得到任何进步。再次引用恩斯特·卡西尔的话:“因此，很明显……物理学上的因果关系概念的转变对伦理学没有任何直接影响。”